한 권으로 마스터하는

365일 앵무새 키우기

첫 만남부터 케어하기, 훈련하기, 놀아주기까지

3season 편저, 이진원 옮김
시바타 유미코, 에비사와 카즈마사, 황병윤 감수

라의눈

"우리 앵무새는 장난감을 전혀 갖고 놀지 않아요."
이렇게 털어놓는 사람들이 많다.
앵무새처럼 지적 호기심이 강하고 지능이 높은 동물일수록 '놀이' 활동이 활발
하다고 한다. 다시 말해 앵무새에게 '놀이'는 꼭 필요한 것일 뿐만 아니라 타고난
능력이다.
앵무새와 함께 생활하려면 기본적으로 건강하게 살 수 있는 쾌적한 환경이 갖춰
져야 한다. 거기에 앵무새의 기본 욕구를 충족시켜줄 놀이가 병행되어야 한다.
이 책이 그 요령을 알려줄 것이다.

앵무새가 놀이를 바라보는 시각은 사람과 다르다. 게다가 개체의 성격에 따라 놀이는 다양하게 해석된다. 따라서 이 책은 앵무새의 종류에 따라 놀이를 제안하는 것이 아니라 새의 행동을 관찰해 기호에 맞는 놀이를 발견할 수 있도록 구성되었다. 이를 위해 필자는 지금까지 경험한 다양한 유형의 앵무새에게 얻은 정보를 가능한 한 많이 전달하려 노력했다. 하지만 책에 나온 방법이 당신의 앵무새에게 맞지 않을 수도 있다. 세상에 같은 앵무새는 없고 그 개성은 마땅히 존중받아야 한다. 이 책의 내용을 응용해 나의 소중한 반려조에게 딱 맞는 방법을 개발해보자. 지금부터 시작되는 앵무새와의 두뇌 게임을 마음껏 즐기길 바란다.

버드 컨설턴트, 시바타 유미코

앵무새 로부터의 도전장

앵무새와 친해지기 위해 알아두어야 할 지식을 퀴즈로 풀어보자!
몇 문제나 풀 수 있을까?

모두 10문제예요

Q1

앵무새 행동의 원동력은
무엇일까?

➡ 답은 14쪽에

러브 ♥ 러브

Q2

앵무새와의 생활에서
주의해야 할 두 번의 시기는
'사춘기' 그리고 또 하나는?

➡ 답은 22쪽에

나 화났어요!

노력할게요

Q3

훈련할 때는 무엇을 이용
해야 효과적일까?

➡ 답은 38쪽에

오직 연습!

Q4

모든 훈련의 기본은 'ㅇㅇ ㅇ
ㅇㅇ 훈련'. 동그라미에 들어
갈 말은?

➡ 답은 44쪽에

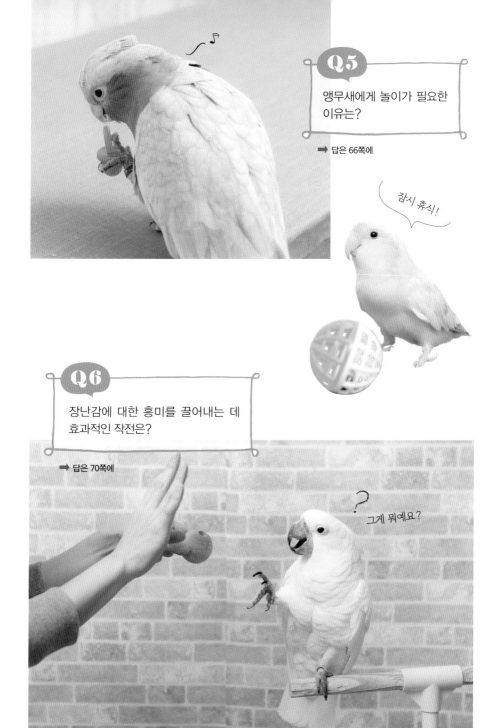

Q5

앵무새에게 놀이가 필요한 이유는?

➡ 답은 66쪽에

잠시 휴식!

Q6

장난감에 대한 흥미를 끌어내는 데 효과적인 작전은?

➡ 답은 70쪽에

그게 뭐예요?

오물오물~

Q7

식사는 그냥 주지 말고 ○○ ○○으로 주는 것이 좋다! 동그라미에 들어갈 말은?

➡ 답은 84쪽에

Q8

앵무새와의 끈끈한 유대감을 위해서는 ○○ 놀기가 중요하다. 동그라미에 들어갈 말은?

➡ 답은 96쪽에

Q9

앵무새의 건강을 위해 사육자가 주의해야 할 것은?

➡ 답은 119쪽에

사랑해요 ♥

Q10

앵무새의 주식 2가지는
씨앗 그리고 무엇일까?

➡ 답은 120쪽에

상추는 간식!

정답을 맞추지 못했다고 걱정할 것은 없어요 . 답은 모두 책에
실려 있으니 차근차근 배워 나가도록 해요 .

모두 맞혔나요?

어려웠나요?

9

Contents

PART

1 앵무새와의 첫 만남

PART

2 앵무새 훈련하기와 놀아주기

PART

3 앵무새의 건강하고 행복한 생활

앵무새와의 첫 만남

알아두어야 할
앵무새의 열 가지 특징

앵무새는 앵무새만의 매력이 있다

노래도 잘하고, 놀기도 잘하는 앵무새 성격과 외모, 능력 등 모든 면에서 사람과 함께 생활하면서 정서적 소통이 가능해 '반려동물'로서 안성맞춤이다.

앵무새는 개나 고양이 등의 반려동물과는 다른 매력과 특징을 지니고 있다. 사람과 앵무새가 함께 행복하게 살아가려면 이 같은 앵무새의 특성을 이해하고 가능한 한 그에 맞게 생활할 수 있도록 배려해주어야 한다.

사랑이 전부야♪

point 1 모든 행동의 원동력은 '사랑'

앵무새는 애정이 매우 깊은 동물이다. 평생 단 한 마리만 파트너로 삼아 짝을 이룬다는 점만 봐도 알 수 있다. 사람에게도 같은 경향을 보여서 스킨십이나 지저귐 등 다양한 방법으로 애정을 표현한다.

▶새와 새의 사랑

한 쌍의 앵무새를 기르면, 둘의 알콩달콩 사랑스런 모습을 관찰할 수 있다. 하지만 둘만의 세계에 흠뻑 취해 사육자를 본체만체할 수도 있다.

▶인간과 새의 사랑

애정으로 대하면 앵무새도 아낌없이 사랑을 돌려준다. 하지만 지나치게 사랑하는 까닭에 '스크리밍(소리 지르기)'이나 '바이팅(입질)', '만성 발정' 등의 문제 행동을 보일 수 있다.

러브러브 ♥

좋아좋아 ♥

^{Point}2 앵무새는 종류마다 천차만별

크기도 색도 다양해요!

앵무새는 생물 분류학상 '앵무목'에 속하며, 이는 다시 참앵무상과, 관앵무상과, 뉴질랜드앵무상과로 분류된다. 이 중에 참앵무상과와 관앵무상과의 개체가 반려조로 키워진다. 이들을 가족으로 맞이하기 전에 각각의 특징을 파악해두자.

관앵무상과	참앵무상과
머리 부분에 우관(羽冠, 도가머리)이라 부르는 깃털이 있다. ·왕관앵무 ·그레이트 코카투 등	관앵무상과를 제외한 대부분의 앵무새가 여기에 속한다. ·사랑앵무 ·모란앵무 등

^{Point}3 수평적인 관계가 중요

대부분의 앵무새는 기본적으로 일부일처제이며, 암수 한 쌍이 함께 육아를 담당한다. 때문에 다른 동물보다 암수의 유대가 강하고 파트너를 매우 소중하게 여긴다.

차렷!

앵무새에게 대장은 없다

앵무새는 무리 지어 생활하는 습성이 있지만 리더를 따로 두지 않고 대등한 관계를 형성한다. 따라서 앵무새는 자신이 더 좋아하는 대상, 자신에게 더 무해한 대상을 높은 서열이라 판단한다.

앵무새의 서열

1 제일 좋아하는 사람(파트너)

2 좋아하는 사람

3 무해한 사람

4 외부 사람

5 침입자, 적

놀이가 제일 좋아♪

지적 호기심이 왕성하다

앵무새는 호기심과 도전 정신이 매우 강하다. 따라서 한동안 안정적인 생활을 유지하다가 새로운 자극을 찾아 시행착오를 겪기도 한다. 사육자가 이런 호기심을 충족시켜준다면 앵무새와 행복하게 지낼 수 있을 것이다. 또, 호기심 충족은 앵무새의 문제 행동을 해결하는 방법이기도 하다.

보수적인 면도 있다

앵무새는 호기심이 왕성한 반면에 아침에 일어나 잠들 때까지 매일 규칙적으로 생활하는 보수적 성격도 가지고 있다. 급격한 환경 변화는 앵무새에게 스트레스를 주어 문제 행동의 원인이 되므로 주의하자.

자고

먹고

놀고

언제나 함께해요♪

함께 행동하기를 매우 좋아한다

야생의 앵무새는 수많은 천적으로부터 자신을 지켜야 한다. 동료와 같은 행동을 함으로써 자신을 보호하려고 하는데, 반려 앵무새에게도 이런 습성이 남아 있다. 사육자를 흉내 내면서 마음의 안정을 얻는 것이다.

7 자기 영역에 집착한다

다른 동물과 마찬가지로 앵무새도 좋아하는 장소를 정해 놓고 자기 영역으로 삼는다. 그리고 그곳에서 매일 일정한 행동 패턴을 반복한다. 때문에 자기 영역에 대한 집착이 매우 강하다. 자기 영역을 넘보는 대상에게는 공격 자세를 취하고 쫓아내려고 한다.

8 기억력이 좋다

기억력이 나쁜 사람을 종종 '새대가리'라고 비하하는데, 앵무새에 관한 한 이 말은 전혀 맞지 않다. 앵무새는 기억력이 탁월하고, 한 번 경험한 것은 평생 잊지 않는다. '단 한 번의 나쁜 경험도 기억하므로, 앵무새를 대할 땐 충분히 주의를 기울여야 한다.

9 '모델'과 '라이벌'이 필요하다

무리 지어 생활하는 앵무새는 파트너나 어미새(모델)와 동일한 행동을 함으로써 마음의 안정을 찾는다. 또한 무리 속에 '라이벌'의 존재가 있는 경우 의욕을 불태우는 경향이 있다. 이처럼 '모델'과 '라이벌'은 앵무새의 안정감과 의욕을 부추기는 데 중요한 존재다.

▶모델
한 마리만 키울 경우, 앵무새는 사육자를 모델로 인식한다. 단, 사육자가 자주 집을 비우는 경우에 앵무새는 자신만의 독특한 행동을 습관으로 만들기도 한다.

▶라이벌
라이벌이 어떤 행동을 했을 때, 여기에 대항하여 자신도 같은 행동을 한다. 다만 라이벌이라 해도 어디까지나 동료로서 평화로운 관계다.

10 인간과 함께한 지는 얼마 되지 않았다

기원전부터 오랜 시간 인간과 관계를 맺어온 개나 고양이와는 달리 앵무새는 불과 200년 전, 인간의 생활에 여유가 생겼을 즈음에야 '취미'로서 기르기 시작했다. 한국보다 반려조의 역사가 긴 일본에서도 친근한 존재가 된 것은 1950년대 후반으로, 반려동물로서의 역사는 그다지 길지 않다.

천천히 알아가요♪

앵무새의 몸과 감각을 이해하자

내 몸에 대해 설명 하겠어요

우관

머리 윗부분에 주변의 다른 깃털보다 길게 나 있는 머리 깃을 가리킨다. 왕관앵무나 그레이트 코카투 등 '관앵무상과'의 앵무새만이 지니고 있다.

부리

앵무새의 부리는 상하로 나뉘어 있는데 아래 부리로는 단단한 것을 부순다. 한편, 앵무새의 부리는 성감대 중 하나로 손가락 등으로 자극하면 발정을 불러올 수 있으므로 주의하자.

발가락

앵무새의 발가락은 발 하나당 네 개로, 두 개는 앞쪽, 나머지 두 개는 뒤쪽을 향하는 '대지족(對趾足)' 형태다. 이러한 구조 덕에 나뭇가지나 먹이 등을 꽉 움켜쥘 수 있다.

앵무새에게는 여러 개의 소화기관이 있다

앵무새는 먹이를 통째로 삼킨다. 그렇기 때문에 씹지 않은 음식물을 소화할 수 있도록 여러 개의 소화기관이 있다. 그 중에서도 '전위(前胃)'와 '후위(後胃)'라는 두 개의 위가 특징이다. 한편, 몸을 가볍게 유지하기 위해 소화 후에는 바로 배설한다. 그래서 장의 길이가 짧고 방광은 존재하지 않는다.

이렇게 생겼어요!

비행에 특화된 앵무새의 몸

사랑하는 앵무새와 오랫동안 행복하게 살려면 앵무새의 신체 구조와 감각을 이해하는 것이 매우 중요하다. 앵무새의 몸에는 비행을 위해 쉬지 않고 호흡기에 산소를 공급하는 '기낭(氣囊)'이 있으며, 대흉근이 전체 몸무게의 4분의 1을 차지할 만큼 발달해 있다. 또한, 몸을 가볍게 하기 위해 뼈 속이 비어 있으며 소화기관도 특수한 형태로 진화하였다. 오감은 인간과 매우 유사하다고 알려져 있는데, 아무래도 앵무새가 인간과 동일한 '주행성(晝行性)' 동물이기 때문이라 추측된다.

깃털

앵무새 몸무게의 약 10%를 차지하는 깃털은 크게 참깃과 솜털로 나뉜다. 몸을 덮는 참깃은 물을 튕겨 내는 기능과 날기 위한 기능을, 참깃 아래 있는 솜털은 보온과 방수 등의 기능을 한다. 한편, 깃털에서는 파우더(기름가루)라고 부르는 매우 고운 흰색 가루가 나오므로 집안 청소를 자주 해야 한다.

날개깃

참깃의 하나로 비행에 필요하다. '첫째 날개깃'은 앞으로 나아가기 위한 힘을, '둘째 날개깃'은 상승하기 위한 힘을 담당한다.

꽁지깃

꼬리뼈에서 나온 긴 깃털. 날고 있을 때는 방향타로서, 착륙할 때는 브레이크로서, 상승할 때는 균형을 잡는 역할을 한다.

앵무새의 감각

다 보여요!

시 각

인간의 5~8배!

조류는 하늘을 날며 지상의 먹이를 찾거나 멀리 있는 적을 살펴야 하기 때문에 오감 중에서 특히 '시각'이 발달했다. 시력은 인간보다 약 5~8배 더 좋아 가까운 곳과 먼 곳을 한눈에 파악할 수 있다. 인식 능력 또한 매우 뛰어나다.

인간보다 많은 색을 보는 앵무새

앵무새는 인간이 구분할 수 있는 '3원색', 즉 빨강, 파랑, 초록에 자외선을 더한 '4원색'을 구분할 수 있다. 알록달록한 깃털이 특징인 앵무새는 색으로도 각각의 개체를 구분한다.

청 각

귀는 눈 뒤에

새는 하늘을 날 때 공기 저항을 없애고, 적의 행동을 파악하기 위해 주변의 소리를 하나도 놓치지 않아야 한다. 그래서 인간처럼 겉으로 드러나 보이는 '귀'가 아닌 눈 뒤쪽에 나 있는 구멍을 통해 소리를 듣는다.

반짝반짝 ★

대화를 나눌까요?

후각

앵무새도 냄새를 맡을 수 있다

앵무새는 오감 중에 후각이 발달하지 않은 것으로 알려져 있다. 하지만 향이 있는 먹이를 좋아한다거나, 어미 새가 알을 품을 때 낯선 냄새가 나면 알을 버리는 행동을 하는 것을 보면 어느 정도는 후각이 갖춰진 것으로 판단된다.

- - - - - - - - - 앵무새의 코 - - - - - - - - - -

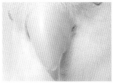 

콧구멍이 깃털에 덮여 있어 겉에서는 보이지 않는다. 모란앵무 등 비가 많이 내리는 지역에서 서식하는 새에게 많은 유형이다.

콧구멍이 겉으로 드러나 외부에서 보인다. 사랑앵무나 왕관앵무 등 건조한 지역에서 서식하는 새에게 많은 유형이다.

맛있는 게 어디 있을까?

미각

맛의 차이를 안다

새의 혀에는 맛을 느끼는 세포가 많지 않다. 하지만 단 음식을 좋아하거나 좋고 싫은 기준이 뚜렷한 것으로 보아 미각도 상당히 발달했음을 알 수 있다.

촉각

접촉에 매우 민감하다

앵무새는 의사소통 수단으로 서로의 깃털을 다듬어주고, 사육자가 쓰다듬어주는 것을 좋아하는 것으로 보아 촉각이 발달했음을 알 수 있다. 단, 춥거나 더운 것을 느끼는 감각이나 통증을 느끼는 통점은 둔감한 편이다.

발이 매우 발달되어 사물을 잡거나 들어 올릴 수 있다.

앵무새는 이렇게 자란다

앵무새도 나이를 먹는다

외모민 보고 앵무새의 나이를 판단하기란 쉽지 않다. 하지만 앵무새도 다른 동물과 마찬가지로 성장하고 나이를 먹는다. 이때 몸과 함께 마음도 성장하며 변화를 겪는데, 가령 그전까지 좋아하던 대상에 시들한 반응을 보이거나 갑자기 반항적인 태도를 취하기도 한다.

따라서 어린 이유조와 완전히 성장한 성조를 동일한 태도로 대해서는 안 된다. 앵무새의 성장 과정을 이해하고 각 시기에 알맞은 케어 방법을 알아두자. 이렇게 앵무새의 나이에 따라 앵무새를 대하는 태도에 변화를 주도록 한다.

23쪽의 '앵무새의 성장 과정'을 참고하여 사랑하는 앵무새의 몸과 마음을 파악하고, 상태를 이해하도록 하자.

앵무새는 인간을 모델로 삼아 성장한다

반려 앵무새는 어미 새나 동료를 통해 익혀야 할 '둥지 독립'이나 '자립된 먹이 활동', '번식 행동' 등을 배우지 못한다. 좁은 활동 반경 안에서 인간을 모델로 하여 성장하므로 성장에 따른 변화가 복잡하고 예상치 못한 문제 행동을 하기도 한다. 갑자기 평소와 다른 모습을 보인다면 사육자는 자신의 행동을 되돌아보도록 하자. 생각지 못한 원인을 발견할 수 있을 것이다.

앵무새와 살려면 이 시기를 잘 넘기자!

앵무새와 살면서 주의해야 할 두 시기는 '사춘기'와 '발정기'이다. 옆 페이지의 앵무새 성장 과정에서 성조 전기를 사춘기로 보는데, 반항 행동이 두드러지는 것이 특징이다. 두 번째는 발정기인데 발정을 하게 되면 가끔 제어가 안 되는 행동을 하는 경우도 있다.

현명하게 대처하세요!

▷ **사춘기**

성의 성숙이 시작되는 '성조 전기'를 사춘기라 보는데 다양한 반항 행동을 하게 된다. 시간이 흐르면 자연스럽게 지나가므로 따뜻한 관심이 필요하다.

▷ **발정기**

'성조 전기'부터 번식이 끝나는 '성조 후기'까지의 시기에 발정을 한다. 발정기의 앵무새는 호르몬의 영향으로 공격적 성향을 띄므로 주의하자.

앵무새의 성장 과정

시기

탄생

알에서 막 나온 순간. 둥지 속에서 어미 새가 모든 것을 보살피는 상태다. 감정이나 판단력은 미미하다.

소형 중형→생후 20일까지
대형→생후 25일까지

맘마 주세요♪

소형→20~35일
중형→20~50일
대형→25일~3개월

이유조

둥지에서 나와 혼자서 먹이를 먹을 수 있을 때까지. 감정이나 판단력이 싹트고 보살펴주는 상대에게 '친밀감'을 느끼기 시작한다.

유조

혼자 먹이를 먹기 시작한 이후부터 털갈이(성조의 깃털로 갈아입는 시기)까지. 자아가 싹트고 어미 새보다 파트너에 대한 애정이 강해진다.

소형→35일~5개월
중형→50일~6개월
대형→3~8개월

아성조

소형→5~8개월
중형→6~10개월
대형→8개월~1년 6개월

털갈이에서 성 성숙을 맞기까지의 시기. 어미에게 의존하는 생활에서 서서히 자립된 생활로 옮겨간다. '사회성'을 익히는 데 적합한 시기다.

성조 전기

성 성숙기의 시작에서 번식 적응기까지. 몸과 마음의 균형이 깨지기 쉽다. 주의를 끌거나 반항적 성향을 보이는 등 문제 행동이 많아지는 시기. 무의식적으로 문제 행동이 학습되지 않도록 신경 써야 한다.

소형→8~10개월
중형→10개월~1년 6개월
대형→1년 6개월~4세

소형→10개월~4세
중형→1년 6개월~6세
대형→4~10세

성조 후기

번식 적응기를 맞아 에너지가 넘치는 시기. 파트너와 좀 더 애정을 쌓고 싶어 문제 행동이 늘어나기도 한다.

자극은 조금만♪

소형→4~8세
중형→6~10세
대형→10~15세

중년조

심리적으로 안정된 시기. 매일의 생활 속에 작은 변화를 주면 지루함에서 오는 문제 행동을 해소할 수 있다.

소형→8세 이후
중형→10세 이후
대형→15세 이후

평온한 일상이 행복♥

장년조

느긋하게 생활하며 새로운 것에 큰 흥미를 느끼지 못한다. 매일을 평화롭게 보내는 것에 행복을 느끼는 시기다.

개성도 외모도 천차만별!

앵무새의 종류

인기 있는 앵무새, 23종을 전격 소개한다. 단, 여기에 나와 있는 자료는
어디까지나 참고로만 활용할 것. 새의 품종이나 색깔에 너무 집착하지 말고,
'이 새와 살고 싶다'라는 마음만 간직하기 바란다.

※ 멸종위기종 등 사육하기 어려운 경우가 있을 수 있으니 입양 전 반드시 확인할 것.

※앵무새 설명 중 (영)은 영문명, (학)은 학명을 의미합니다.

말도 노래도 잘해요 ♪

사랑앵무 소형

선명한 색깔과 작고 둥근 얼굴이 특징.
말을 잘하고 놀이를 좋아한다. 사람과의
친화력이 좋고 사교적이지만, 간혹 겁이
많은 새도 있으니 주의.

· Budgerigar, lovebird(영) · Melopsittacus undulatus(학)

Data

서식지	오스트레일리아 등지
몸길이	약 20㎝
몸무게	약 35g
수명	8~12년

사랑앵무와 친해지는 법
point

- - - - - - - - - - - - - - - - -

사랑앵무는 땅 위에 내려앉아
지면의 흙과 풀을 쪼며 먹이
를 찾는다. 짚 속에 먹이를 숨
겨 바닥에 놓아두는 등의 먹
이 활동(84쪽)을 시도해보면
좋을 듯.

왕관앵무 중형

박력 있는 우관과 오렌지빛 볼이 인상적이다. 대체로 성격이 온화하고 순종적이며 사육자에 대한 애정이 깊다. 응석 부리는 경향이 있으므로 사람에게 너무 의존하지 않도록 신경 써야 한다.

· Cockatiel(영) · Nymphicus hollandicus(학)

빨간 볼이 사랑스럽지요♥

Data

서식지	오스트레일리아등지
몸길이	약 30cm
몸무게	약 90g
수명	13~18년

왕관앵무와 친해지는 법
point

사랑앵무와 마찬가지로 왕관앵무도 땅 위를 걸어다니며 먹이를 찾는다. 화장실 바닥 여러 곳에 씨앗을 감싼 휴지를 놓아두고 먹이를 찾도록 유도해보자.

모란앵무 눈테 모란

화려한 깃털과 흰 아이라인이 특징. 비눈테 모란과 함께 러브버드로 불리지만 덩치가 조금 적은 편이다. 다소 내성적인 성격이지만, 사육자를 파트너로 여기며 사랑스러운 관계를 형성한다.

· Lilian's lovebird(영) · Agapornis lilianae(학)

서식지	아프리카 등지
몸길이	약 14cm
몸무게	약 40g
수명	10~13년

Data

모란앵무와 친해지는 법
point

눈테든 비눈테든 모란앵무들은 좁고 어두운 곳으로 파고드는 것을 좋아한다. 단, 귀엽다고 품속에 넣으면 발정을 자극할 수 있으므로 주의하자.

흰 아이라인이 매력 포인트!

모란앵무의 컬러 변이

모란앵무의 컬러 변이는 조금 특별하다. 다른 품종은 '동종 간의 컬러 변이'인 데 반해 모란앵무는 네 종류의 단독종이 있고, 그 안에서 컬러 변이가 일어난다.

모란앵무 비눈테 모란 소형

러브버드란 이름 그대로 파트너에 대한 애정이 깊다. 대부분 스킨십을 좋아하며 사육자와 좋은 관계를 쌓는다. 단, 파트너와의 사이를 방해하면 공격성을 보이기도 한다.

· Peach faced lovebird(영) · Agapornis roseicollis(학)

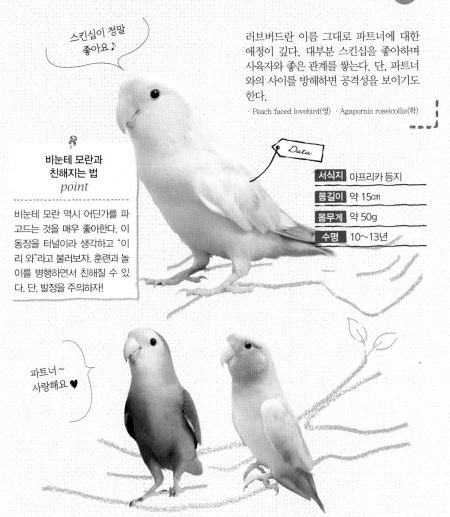

스킨십이 정말 좋아요♪

비눈테 모란과 친해지는 법
point

비눈테 모란 역시 어딘가를 파고드는 것을 매우 좋아한다. 이 동장을 터널이라 생각하고 "이리 와"라고 불러보자. 훈련과 놀이를 병행하면서 친해질 수 있다. 단, 발정을 주의하자!

Data

서식지	아프리카 등지
몸길이	약 15㎝
몸무게	약 50g
수명	10~13년

파트너~ 사랑해요 ♥

소형, 중형, 대형의 구분은?

엄밀한 기준은 없지만, 몸무게나 체격 등으로 구분한다. 일반적으로 '소형'은 몸길이 20㎝ 이하, '중형'은 몸길이 30㎝ 이하, '대형'은 30㎝ 이상을 가리킨다. 몸이 커질수록 수명도 길어지는 편이다. 대형종인 그레이트 코카투(33쪽) 중에는 100년 이상 사는 새도 확인되고 있다.

나는 대형!

유리앵무 소형

손 안에 쏙 들어올 정도로 몸집이 작다. 하지만 힘과 먹성이 좋으며 잘 논다. 사랑스런 외모와 달리 무는 힘이 매우 강하므로 동거하는 동물과의 접촉에는 신중해야 한다.

· Pacific parrotlet(영) · Forpus coelestis(학)

장난꾸러기, 힘이 넘치죠!

유리앵무와 친해지는 법
point

야생에서는 나무를 갉아 시들어 죽게 할 정도로 힘이 좋다. 따라서 힘을 발산할 수 있는 장난감이 꼭 필요하다.

Data

서식지	에콰도르, 페루 북부, 아마존 등지
몸길이	약 13cm
몸무게	약 33g
수명	10~13년

사람이 좋아요 ♥

추초(秋草)앵무 소형
(버크스앵무, 부케도라지앵무)

둥글고 귀여운 눈동자와 지저귐이 매력적이다. 사람을 매우 좋아하고 성격이 온순해, 초보자도 쉽게 손에 오르도록 훈련할 수 있다.

· Bourke's parakeet(영) · Neopsephotus bourke(학)

Data

서식지	오스트레일리아 등지
몸길이	약 19cm
몸무게	약 50g
수명	8~12년

추초앵무와 친해지는 법
point

추초앵무는 온순하며 겁이 많다. 따라서 사육자에게 과도한 집착(57쪽)을 보일 수 있다. 보상을 잘 활용해 누구와도 잘 지낼 수 있도록 하자.

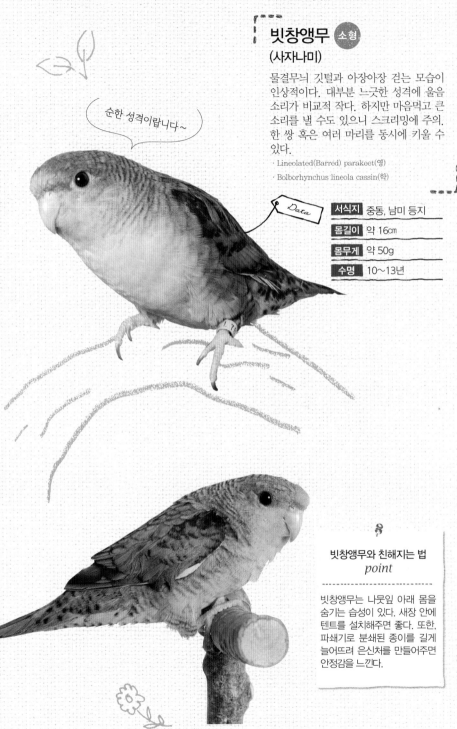

빗창앵무 소형
(사자나미)

물결무늬 깃털과 아장아장 걷는 모습이 인상적이다. 대부분 느긋한 성격에 울음소리가 비교적 작다. 하지만 마음먹고 큰 소리를 낼 수도 있으니 스크리밍에 주의. 한 쌍 혹은 여러 마리를 동시에 키울 수 있다.

· Lineolated(Barred) parakeet(영)
· Bolborhynchus lineola cassin(학)

순한 성격이랍니다~

Data

서식지	중동, 남미 등지
몸길이	약 16cm
몸무게	약 50g
수명	10~13년

빗창앵무와 친해지는 법
point

빗창앵무는 나뭇잎 아래 몸을 숨기는 습성이 있다. 새장 안에 텐트를 설치해주면 좋다. 또한, 파쇄기로 분쇄된 종이를 길게 늘어뜨려 은신처를 만들어주면 안정감을 느낀다.

재미있는 게 제일
좋아요

노란머리 카이큐 중형

쾌활하고 호기심이 많은 장난꾸러기. 장난
을 치거나 뭔가 쪼는 것을 좋아한다. 때로는
스스로 놀 거리를 찾고, 사람의 주의를 끌기
위해 이러저런 시도를 한다.
· White bellied caique(영) · Pionites leucogaster(학)

Data

서식지	브라질 등지
몸길이	약 23cm
몸무게	약 150g
수명	약 25년

함께 노는 게 좋아요

Data

서식지	브라질 등지
몸길이	약 25cm
몸무게	약 65g
수명	13~18년

그린칙 코뉴어 중형
(초록뺨비늘무늬앵무)

아름답고 화려한 깃털이 특징. 노는 것을 좋
아하고 사람을 잘 따른다. 배를 보이며 벌러
덩 누워 잠을 자는 엉뚱한 면도 있다. 무는
버릇이 있으니 훈련이 필요하다.
· Green-cheeked conure(영) · Pyrrhura molinae(학)

Data

서식지	오스트레일리아 등지
몸길이	30~33cm
몸무게	100~135g
수명	약 25년

꿀을 먹어서
색깔이 선명한가?

오색청해 중형
(레인보우 로리킷)

선명한 색깔과 사교적이며 활동적인 성격이
특징. 주로 꿀과 과일을 먹이로 한다. 울음
소리가 높고 날카로워 방음 환경을 갖춰야
한다.
· Rainbow Lorikeet(영) · Trichoglossus haematodus(학)

퀘이커앵무 (중형)

노래 부르는 게 좋아

서식지 아르헨티나, 볼리비아 등지
몸길이 약 29㎝
몸무게 약 150g
수명 15~20년

성격이 활발하고 노래하는 것을 좋아한다. 앵무새로는 드물게 나뭇가지를 모아둥지를 짓고 새끼를 기르며, 자기 영역에 대한 인식이 분명하다.
· Monk Parakeet(영) · Myiopsitta monachus(학)

Data **서식지** 브라질, 페루 등지
몸길이 약 28㎝
몸무게 약 250g
수명 약 25년

천천히 친해져요

블루헤드 피어니스 (중형)
(청머리초록앵무)

머리에서 가슴에 걸친 선명한 푸른색이 특징. 사육자를 잘 따르지만, 낯선 사람에겐 신경질적인 반응을 보이기도 한다. 감정 표현에 서툰 듯하지만, 애착관계 형성 후엔 감정을 풍부하게 표현한다.
· Blue-headed parrot(영) · Pionus menstruus(학)

춤이 제 특기예요♪

서식지 인도 남부, 스리랑카 등지
몸길이 약 40㎝
몸무게 약 110g
수명 약 30년

목도리앵무 (중형)

춤추는 듯한 익살스런 동작으로 인기가 많다. 말하는 것을 좋아해 몇 개의 단어를 기억한다. 울음소리가 크고 신경질적인 면이 있으며, 흥분 상태에서는 동공이 축소돼 점처럼 되는 '아이 피닝' 현상이 나타난다.
· Rose ring necked Parakeet(영)
· Psittacula krameri manillensis(학)

회색앵무 대형

섬세하며 차분한 성격이며 머리가 좋아
말을 잘한다. 동료 새와는 물론 사람과
의 대화도 능숙하다. 회색앵무 중에는
시간, 장소, 상황에 맞는 단어를 선택하
고 맞장구를 치는 새도 있다.
· African grey parrot(영) · Psittacus erithacus(학)

사람 관찰이 취미예요

Data

서식지	아프리카, 케냐 등지
몸길이	약 33cm
몸무게	약 400g
수명	약 50년

갈라앵무 대형
(갈라코카투)

스킨십을 좋아하고 사람을 잘 따른다. 사
람에게 지나치게 의존하지 않도록 주의할
것. 야생에서는 나무껍질을 벗겨 나무를
죽게 할 정도로 부리의 힘이 세다. 살이
찌기 쉬우므로 운동과 모이 양에 신경 써
야 한다.
· Rose-breasted cockatoo(영) · Eolophus roseicapilla(학)

살찌지 않게
주의해주세요!

Data

서식지	오스트레일리아 등지
몸길이	약 35cm
몸무게	약 345g
수명	약 40년

그레이트 코카투
(큰유황앵무)

새하얀 몸과 노란색 우관이 특징. 사람을 좋아하고 매우 영리해서 말과 장기를 잘 배운다. 100년을 산 사례가 있을 정도로 장수한다. 아침저녁 우렁찬 소리를 내는 버릇이 있는데 스크리밍으로 발전하지 않도록 주의해야 한다.
· Sulphur-crested cockatoo(영) · Cacatua galerita(학)

따라 하는 걸 제일 잘해요

노란색 우관이 매력 포인트

 Data

서식지	오스트레일리아 등지
몸길이	약 50cm
몸무게	약 880g
수명	약 40년

 Data

서식지	중남미 등지
몸길이	약 35cm
몸무게	약 450g
수명	50~60년

옐로크라운 아마존 대형
(황모자 아마존)

온순하며 느긋한 성격. 소리나 노래를 흉내 내는 것을 좋아한다. 마치 모자를 쓴 것처럼 보이는 이마 부위의 노란색이 매력 포인트.
· Yellow-crowned amazon(영)
· Amazona ochrocephala(학)

응석꾸러기랍니다

 Data

서식지	인도네시아 등지
몸길이	약 46cm
몸무게	400~800g
수명	약 40년

엄브렐라 코카투 대형
(흰유황앵무)

그레이트 코카투보다 조금 작으며, 새하얀 깃털이 특징. 몸에 파우더가 많은 편이다. 물 목욕, 일광욕, 혼자 놀기, 장난감으로 함께 놀기 등으로 넘치는 에너지를 발산하도록 해주어야 한다.
· White cockatoo(영) · Cacatua alba(학)

성별을 한눈에 알 수 있어요

뉴기니아 앵무 대형
(이클렉터스)

수컷은 녹색에 느긋한 성격인 반면, 암컷은 붉은색에 활동적이고 에너지가 넘친다. 암수 모두 섬세한 면이 있다.
· Eclectus parrot(영) · Eclectus roratus(학)

Data

서식지	인도네시아 동부 등지
몸길이	약 35cm
몸무게	약 500g
수명	약 40년

집에서는 대장이에요!

케이프 앵무 대형

큰 부리와 부드러운 눈동자가 매력 포인트. 온순하면서도 고집이 있다. 머리가 좋아서 말을 잘하는 새도 있다.
· Cape parrot(영) · Poicephalus robustus(학)

Data

서식지	아프리카 중남부 등지
몸길이	약 32cm
몸무게	약 320g
수명	약 35년

Data

서식지	오스트레일리아 등지
몸길이	약 40cm
몸무게	약 600g
수명	약 40년

도깨비 가면을 쓴 것 같죠?

롱빌드 코카투 대형
(긴부리유황앵무)

신경질적이며 외로움을 잘 탄다. 함께 놀기를 좋아하며 기억력도 뛰어나다. 가끔 쩌렁쩌렁한 소리를 내는 경우가 있으므로 주의하자.
· Long-billed corella(영) · Cacatua tenuirostris(학)

청금강 앵무 대형
(유리금강앵무)

성격이 활발하고 장난을 좋아한다. 길들이기 쉬우나 변덕스런 면도 있다. 무는 힘이 강해 훈련이 필요하고, 울음소리가 저음이라 크게 울린다.

· Blue & yellow(gold) macaw(영) · Ara ararauna(학)

서식지	파나마, 남미 등지
몸길이	약 86cm
몸무게	약 1,000g
수명	약 60년

Data

무는 힘이 무척 세요

파란 모자를 쓴 것 같죠? ♥

청모자 아마존 대형
(블루프론티드 아마존)

몸 색깔은 녹색이지만, 코 윗부분만 푸른색을 띤다. 말하기를 좋아하며 전자음을 흉내 내기도 한다. 낯을 가리기도 하지만 마음을 열면 사육자에게 다양한 표정을 보여준다.

· Blue fronted amazon(영) · Amazona aestiva(학)

Data

서식지	남미 등지
몸길이	약 35cm
몸무게	약 400g
수명	약 40년

중형, 대형 앵무새와 함께하려면…

올바른 지식이
필요해요

모르는 상태에서 입양은 금물

중형, 대형 앵무새를 입양하고픈 사람이라면 주목
하자! 이들 앵무새와 생활하려면 '애정'만으로는
감당하기 힘든 상황을 만날 수 있다. 그래서 사육
자에게는 이런 앵무새에 대한 올바른 지식이 필요
하다. 안이한 생각으로 입양하면 앵무새도 사육자
도 힘들어진다.

소형과는 달리 중형, 대형 앵무새는 가볍게 무는
것에서 끝나지 않는다. 물렸을 때, 덩치가 크니까
체벌을 해도 괜찮을 거라고 생각해서도 안 된다.
소형도 마찬가지이지만, 체벌은 신뢰 관계를 한
순간에 무너뜨린다. 벌을 주기보다는, 바람직한
행동과 하면 안 되는 행동을 적절한 방법으로 가
르쳐주어야 한다.

사육 환경은 물론, 마음가짐도 갖추자

신중하게
생각하세요

입양하기 전에 앵무새의 목소리 크기나 성격,
새장 크기나 먹이 비용, 의료비 등 모든 면에
서 감당할 수 있을지 신중하게 검토하자. 넘치
는 에너지와 호기심을 충족시키기 위해 새장
내부를 어떻게 꾸밀지도 고민해야 한다. 또,
새장 밖에서 놀 수 있게 해야 한다. 따라서 사
육자가 새에게 얼마만큼의 시간을 할애할 수
있는지가 중요하다.

올바른 지식과 적절한 사육법을 익혀 새와 원
만한 관계를 형성한다면, 오래도록 서로 좋
은 동반자로서 지낼 수 있을 것이다.

앵무새 훈련하기와
놀아주기

보상을 이용한 효과적인 앵무새 훈련법

훈련은 왜 필요할까?

앵무새의 주변 환경은 사육자가 조성해 놓은 것이 전부다. 또, 사육자의 어떤 행동은 앵무새를 기쁘게 하지만, 한편으로는 앵무새에게 스트레스를 줄 수도 있다. 사람과 앵무새가 함께 살아가려면 대등한 관계를 구축하는 것이 중요하다. 이를 위해서는 훈련이 반드시 필요하다.

'훈련이라니 불쌍해요'라고 생각할 사육자도 있을 수 있다. 하지만 앵무새에게 훈련은 머리와 몸을 쓰며 사육자와 함께하는 의사소통 과정이자 게임이다. 중요한 것은 사육자에게 올바른 훈련 지식이 갖추어져 있어야 한다는 사실이다. 훈련을 통해 앵무새의 특성을 존중하고 나아가 앵무새가 행복하게 살 수 있게 도와줄 수 있다.

이 책의 44쪽부터 '손에 오르기', '이리 와', '새장, 이동장으로 돌아가기', '몸무게 재기' 등의 훈련법이 소개된다. 모두 응용행동분석학에 기초한 '긍정 강화(보상 트레이닝)' 훈련법이다. 이러한 훈련을 통해 반려조가 평소 무슨 생각을 하고 어떤 것에 기쁨을 느끼는지 알 수 있으며, 새와 사육자 간의 거리도 좁힐 수 있다. 요령이 필요하지만 애정으로 대한다면 결코 어렵지 않을 것이다. 앵무새와 사육자의 강한 유대감과 편안한 관계를 목표로 훈련에 도전해보자.

보상, 정말 좋아요~

보상 훈련의 요령

① 즐겁게 훈련하기

훈련이라고 해도 앵무새에게 무리하게 강요해서는 안 된다. 억지로 가르치려 하면 앵무새는 아무것도 습득하지 못한다. 사육자와 앵무새 모두 즐거워야 하는 것이 훈련의 전제다.

② 일관성 유지하기

훈련은 사육자와 앵무새 간의 규칙을 만드는 것이다. 어제는 칭찬했다가 오늘은 야단친다면 앵무새는 혼란을 느끼고 만다. 한번 결정한 규칙은 어기지 않도록 하자.

③ 칭찬하기

훈련에 성공했을 때는 칭찬하고 보상을 주는 것이 중요하다. 반대로 실패했을 때 꾸짖는 것은 금물. 언어의 의미와 상관없이 앵무새는 사육자의 반응을 보상으로 느낀다.

➡ 자세한 사항은 53쪽에

앵무새가 좋아할 만한 보상을 찾자

▶놀이

앵무새에게 보상은 간식만이 아니다. 함께 놀아주는 것도 멋진 보상이 된다.

▶간식

중요한 순간에 평소 주던 먹이가 아닌 좋아하는 간식을 주면 훌륭한 보상이 된다.

➡ 자세한 사항은 66쪽에

훈련 중에 하지 말아야 할 일 ✕

이건 하면 안 돼요

보상은 적절한 타이밍에

Case 1 박수

사람에게는 칭찬하는 행동이지만 앵무새 중에는 소리와 큰 몸짓에 공포를 느끼는 새도 있다.

Case 2 응원

훈련 도중에 앵무새의 이름을 부르거나 "힘내!"라고 응원하면 앵무새의 집중력을 흐트러뜨릴 수 있다.

Case 3 손짓

'이리 와' 등의 신호로 눈앞에서 손을 크게 흔드는 행동은 앵무새에게 공포감을 줄 수 있다

Case 4 도중에 칭찬하기

훈련 도중에 칭찬하면 앵무새는 그 순간에 만족하고 만다. 훈련을 완전히 익힌 다음 칭찬해줘도 늦지 않다.

보상의 종류

'간식'이나 '장난감' 등 앵무새가 가장 좋아할 만한 보상을 함께 찾아보자.

춤추고 싶을 정도의 보상은 어디 없나요?

▷▷▶ 간식

먹는 것을 좋아하는 앵무새라면 보상 훈련을 비교적 간단히 진행할 수 있다. 우선 어떤 간식을 특히 좋아하는지 관찰하자.

> **POINT**
>
> 앵무새를 관찰했을 때 기뻐하거나 덩실거릴 정도의 간식이면 보상으로 적당하다.

▷▷▶ 사육자의 반응

쓰다듬어주는 것을 좋아하는 새라면 '쓰다듬기'를, 말 걸어주는 것을 좋아한다면 '말 걸기'를 해보자. 앵무새가 좋아하는 사육자의 반응도 훌륭한 보상 중 하나다.

> **POINT**
>
> 쓰다듬기나 말 걸기는 훈련 중에도 쉽게 해줄 수 있다.

▷▷▶ 장난감

종이나 거울 등 앵무새에 따라 좋아하는 것이 매우 다양하다. 우선 앵무새가 무엇에 흥미를 느끼는지 관찰하자.

> **POINT**
>
> 특정 장난감에 공격성을 보인다고 해서 싫어한다고 오해하지 말자. 그 장난감을 매우 좋아할 수도 있다.

➡ 자세한 사항은 70쪽에

긁적긁적

쓰담쓰담

말 걸기

보상의 가치를 높이는 법

가치가 뭐예요?

1 보상의 순위를 매긴다

보상은 앵무새가 좋아하는 정도에 따라 여러 가지를 준비해 활용하도록 한다. 몇 가지 후보를 두고, 싫증을 느낄 때 다음 순위에 있는 것으로 보상해주면 효과가 있다.

가장 좋아하는 장난감

가장 좋아하는 간식

좋아하는 장난감

좋아하는 간식

평소 장난감

평소 간식

3 평소 먹는 모이통에 넣지 않는다

평소 먹는 모이통에 보상을 주면 그 보상은 가치가 없어진다. 보상은 '해냈다!'라고 느낄 성공의 순간에 주어야 한다.

평소 먹던 모이네~

2 보상 타이밍이 중요하다

보상은 목표한 행동을 성공한 직후에 주어야 한다. 3초 이상 지나면 앵무새는 어떤 의미인지 모른다.

배가 부를 때는 먹이가 필요 없죠

적절한 보상을 찾지 못하겠다면…

간식에 흥미가 없는 새는 보상으로 훈련시키기가 어렵다. 이럴 때는 여러 재질의 장난감을 줘보고 무엇에 반응하고 흥미를 느끼는지 관찰해보자.

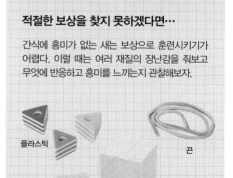

플라스틱

끈

나무

보상 훈련의 포인트

포인트를 정확히 지킨다면 훈련 자체는 어렵지 않다. 우신 실천해 보자.

간식은 한입에 삼킬 수 있는 크기로

▷ ▷ ▶ **매일 하지 않아도 좋다**

'매일 몇 회, 일 회에 몇 분' 식으로 훈련량을 정해놓을 필요는 없다. 할 수 있을 때 반복하는 것이 중요하다. 또 의무적으로 하지 말고 사육자도 즐기는 것이 중요하다.

> **POINT**
> 앵무새가 싫증을 내기 전에 훈련을 중단해야 한다. 반응이 둔해지기 전, 그러니까 컨디션 이 좋을 때가 중단해야 할 타이밍!

▷ ▷ ▶ **간식은 작은 크기로**

보상이 간식인 경우, 한 번에 너무 많은 양을 주면 바로 배가 부르거나 긴장감이 떨어져 훈련이 잘 이루어지지 않는다. 한 번 주는 간식의 양은 한입에 먹을 수 있는 만큼만!

> **POINT**
> 1회 보상의 기준은 왕관앵무의 콧구멍 크기 다. 훈련을 시작하기 전에 미리 작은 크기로 만들어두자.

▷ ▷ ▶ **처음에는 정해진 장소에서**

처음 훈련할 때는 장소부터 선택하자. 집 안에서 앵무새가 편하게 느끼는 장소를 골라 익숙해질 때까지는 그곳에서 훈련을 반복하자.

> **POINT**
> 장소를 정해두면 앵무새에게는 그 장소가 '훈련 시작' 신호가 된다.

훈련 시작이다♪

앵무새가 처음에 정한 장소에서 훈련에 익숙해지면, 집안의 다른 장소에서도 훈련을 진행해보자. 이렇게 서서히 훈련 장소의 범위를 넓혀 나가면 어디에서나 할 수 있게 된다.

▷▷▶ 진전이 없다면 보상을 바꾼다

훈련이 순조로울 때는 보상을 바꿀 필요가
없다. 진전이 없을 때 적절한 타이밍에 보
상을 바꾸면 보상의 효과가 커진다.

▷▷▶ 실패로 끝나도 상관없다

훈련에 성공하지 못해도 괜찮다. 보상을
받지 못하면 앵무새는 '왜 주지 않을까?'라
고 생각하고 다음에 좀 더 분발하게 된다.

실패

보상이
없잖아요.

이리 와

싫어요

> **POINT**
> 앵무새 스스로 '이런 행동을 했더니 좋은 일
> (보상)이 있었네?'라고 생각하는 것이 중요
> 하다.

효과를 떨어뜨리는 보상 방법 ✕

Case 1 성공하지 않았는데도 간식을 준다

성공하지 않았는데 간식을 주면 보상의 효과가
떨어진다. 결국 목표를 달성하지 못하게 될 가능
성이 크다.

Case 2 성공하지 못해도 말을 건넨다

훈련에 성공하지 못했는데 칭찬이나 격려를 하면
앵무새가 '이대로도 괜찮나?'라고 오해하게 된다.
실패한 뒤에 말을 거는 행동은 삼가도록 하자.

간식을 가끔씩
줘도 좋아요

▷▷▶ 간식은 서서히 줄여 나가자

행동을 배우면 앵무새는 보상이 없어도 다양한
행동을 할 수 있다. 그러므로 간식은 서서히 줄
이자. 간식을 지나치게 많이 주면 비만의 원인
이 되기도 한다.

손에 오르기
Training

처음에 익혀야 할 훈련은 바로 이것!

맨 처음 앵무새에게 가르쳐야 할 것은 사육자와의 기본 의사소통 방법인 '손에 오르기'다. 이것이 가능해지면 사육자와 앵무새의 거리가 부쩍 가까워질 것이다.

간식을 보상으로 주면 '간식을 따라 갔더니 사육자의 손 위에 와 있네!'라는 식으로 앵무새가 배우게 된다. 사람의 손에 공포감을 느끼지 않도록 무리하게 강요해서는 안 된다.

1 멀리서 부른다

보상 위치

톡톡

조금 거리를 둔 상태에서 앵무새가 볼 수 있도록 한쪽 손에 간식을 들고 다른 한 손으로는 바닥을 톡톡 가볍게 두드린다. '톡톡' 신호를 기억하면 나중에는 신호만으로도 다가온다. 보상 위치는 아주 조금씩 이동하도록 한다.

2 조금씩 손 쪽으로 유도

손은 앵무새보다 높은 위치에

간식을 든 손을 사용해 앵무새가 올라야 할 손 쪽으로 앵무새를 서서히 유도한다. 앵무새가 올라야 할 손 가까이 오면 두 손의 움직임을 멈춘다.

3 간식을 준다

훈련 초기에는 몇 발짝 가까이 오면 간식을 주면서 단계별로 아주 조금씩 진행한다. 훈련에 익숙해지면 손에 올라왔을 때 간식을 준다. 새가 손에 올라왔다고 바로 움직여서는 안 된다.

사람의 손을 무서워할 때는…

사육자의 손을 무서워한다면 손에 오르기 훈련을 시작해서는 안 된다. 우선 새장 너머에서 손으로 간식을 주는 것부터 시작하자.

➡ 자세한 내용은 55쪽에

'이리 와'가 가능해지면 스트레스가 훨씬 줄어든다

앵무새가 '이리 와'를 배우게 되면, 새가 가면 안 되는 장소에 갔을 때 간단히 돌아오게 할 수 있다. 새장에 다시 넣을 때도 앵무새를 쫓아다니며 잡지 않아도 되니까 사육자도 앵무새도 스트레스를 받지 않는다. 반드시 익혀두어야 할 훈련 중 하나다.

우선 가까운 거리에서 시작하자. 손을 횟대 옆에 붙이고 손 위로 새가 오도록 불러보자.

-------------------- 가까운 거리에서 ① [횟대⟷사람] --------------------

1 횟대에 손을 가져가 댄다

손의 모양은 차분

앵무새를 오르게 할 손을 횟대에 가져다 댄다. 손가락을 횟대의 연장선상에 대도 좋고 팔을 횟대에 붙여도 좋다. 앵무새가 무서워하지 않으면 된다.

2 '이리 와'라고 부른다

이리 와~

간식을 든 손을 앵무새에게 보이면서 "이리 와"라고 부른다. 새를 부르면서 손으로 횟대를 톡톡 치는 신호를 보내도 좋다.

3 충분히 기다린다

간식

앵무새가 '이리 와' 소리에 반응하여 다가올 때까지 충분히 기다린다. 이때 횟대에 댄 손을 움직이지 않도록 주의한다.

POINT
10초 정도가 지나도 앵무새가 다가오지 않으면 일단 손을 뗀다. 간식을 앵무새에게 더 가까이 가져가 ②부터 다시 도전하자.

4 간식을 준다

손에 오르면 간식을 준다. 익숙해지면 "이리 와"라고 신호를 보내기만 해도 손 위로 올라온다. 손에 올랐다고 바로 움직이지 말자. 새가 저항감 없이 올라오게 되면 그때부터 조금씩 움직이도록 하자.

1 두 사람이 횟대 양쪽에 위치한다

두 명 사이에서 하는 '이리 와' 훈련. 이 훈련으로 앵무새가 가족 모두와 친해질 수 있다. 횟대 양쪽에 두 명의 사람이 있다면 이제 시작해보자.

3 보상을 준다

앵무새가 가까이 다가오면 보상을 준다. 위의 사진은 간식이 아니라, '쓰다듬기'가 보상인 경우.

> ⓟⓞⓘⓝⓣ
> 보상이 간식인 경우, 반대쪽에서 기다리고 있는 사람은 앵무새에게 간식이 보이지 않게 숨긴다.

2 한 명이 앵무새를 부른다

앵무새를 부른 사람은 손을 움직이지 않고 기다리다가 앵무새가 손에 오르면 간식을 준다. 오른 후에는 바로 손을 움직이지 말자. 앵무새가 횟대로 돌아갈 수 있도록 시간을 주어야 한다.

4 다른 쪽 사람이 부른다

보상을 다 주고 나면 다른 쪽에 있는 사람이 ②와 동일한 방법으로 앵무새를 부른다. 이렇게 몇 번 왕복하면서 훈련한다. 두 사람이 동시에 말을 걸거나 이름을 부르지 않도록 주의하자.

1 손을 가까이 대고 부른다

다른 사람의 '이리 와'에 반응하게 하는 훈련. "이리 와"라고 부르면서 손을 댄다. 이때 부르는 사람의 손은 앵무새의 발보다 조금 높은 위치에 두는 것이 포인트.

2 간식을 준다

부른 사람은 손을 움직이지 않고 기다리다가 앵무새가 손에 오르면 간식을 준다. 오른 후에는 바로 손을 움직이지 말자. 앵무새가 스스로 돌아갈 수 있도록 시간을 주어야 한다.

① 가까운 거리에서부터 시작한다

갑자기 먼 거리에서 '이리 와' 훈련을 하면 잘되지 않는다. 우선 46쪽 아래의 '가까운 거리에서 ③' 훈련을 완전히 익히도록 하자.

> ⓟ ⓞ ⓘ ⓝ ⓣ
>
> 가까운 거리에서 '이리 와'를 익혔다면 몇 걸음 떨어져서 도전해보자. 이렇게 조금씩 거리를 넓히며 훈련시킨다.

② '이리 와'라고 부르는 쪽은 보상을 준비한다

부르는 사람은 앵무새에게 보상을 들고 "이리 와"라고 말한다. 보상(음식, 장난감 등)을 보이면서 부르면 효과가 좋다. 사진의 새는 천을 좋아해서 보상이 천이었다.

③ 날아오면 보상을 준다

앵무새가 앉아 있던 쪽 사람은 앵무새가 날아올 때까지 움직이지 않는다. 부른 사람에게 날아가 앉으면 그때 보상을 준다. 서서히 거리를 넓히면서 반복해 훈련한다.

비행 훈련은 앵무새에게 비행에 대한 동기를 부여하므로 운동이 부족하기 쉬운 반려조에게 꼭 필요한 놀이이다.

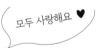

가족이 함께 훈련하면
한 사람에 대한 집착을 막을 수 있다

동거하는 가족이 있는데도 특정 사람만 훈련을 담당하면 앵무새가 한 사람에게만 집착(57쪽)하게 될 수 있다. 혼자서 훈련해도 큰 어려움은 없겠지만, 웬만하면 46~47쪽의 훈련을 통해 앵무새가 가족 모두와 친해질 수 있는 기회를 만들어주자.

새장, 이동장으로 돌아가기

Training

새장 안도 즐거운 장소로 느낄 수 있도록

새가 새장으로 돌아가지 않는 이유는 매우 단순하다. 새장 내부를 재미없거나 안심할 수 없는 곳으로 인식하고 있기 때문이다. 다시 말해 새장으로 되돌아가는 방법을 익히는 것에 그쳐서는 안 된다. 평소 앵무새가 새장에 있는 시간도 즐겁게 느낄 수 있도록 여러 방법을 마련하도록 하자. 이 훈련은 45쪽의 '이리 와' 훈련을 익힌 이후에 시도하도록 한다.

------- 새장으로 돌아갈 경우 -------

1 새장 부근에서 '이리 와' 하기

보상 포인트

우선 간식을 이용해 새장 부근으로 다가오게 한다. 새장 위나 옆에서 "이리 와"라고 부르며 조금씩 새장 입구까지 유도한다. 단계별로 조금씩 진행한다.

2 문은 잠시 열어놓은 상태로 둔다

새장 안으로 새가 들어가면 간식을 준다. 사육자는 바로 물러서지 말고 문을 연 채 새장 안에서 '이리 와'를 하거나 쓰다듬으며 놀아준다.

POINT

평소에도 새장의 철창 너머로 '이리 와'를 하거나 간식을 주면 앵무새는 새장 안도 즐거운 장소라고 인식하게 된다.

------- 이동장으로 돌아갈 경우 -------

1 간식을 이용해 부른다

새장으로 다시 들어갈 경우와 마찬가지로 이동장 부근까지 '이리 와'로 유도한다. 처음에는 몇 발자국 나아갈 때마다 간식을 주어 중간에 멈추어 서지 않게 한다.

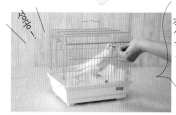

경쾌~

이동장 안에 들어가도 간식을 주세요

이동장을 무서워할 때는…

우선 이동장을 눈에 익히게 하자. 앵무새의 눈길이 닿는 곳에 항상 놓아두고 사육자가 수시로 이동장을 만지며 공포심을 완화한 뒤에 훈련을 시작하자. 무서워하지 않게 되면 이동장을 평소 놀이 장소로 이용해도 좋다.

체중계를 눈에 익히게 하는 것이 중요

앵무새의 건강을 지키고 관리하는 데 몸무게 측정은 매우 중요한 부분이다. 하지만 체중계가 낯선 앵무새는 경계심을 느껴 좀처럼 가까이 가려 들지 않는다. 훈련을 통해 체중계에 익숙해지게 하자.

무리하게 새를 손으로 잡아 체중계에 올리면 사육자에 대한 불신이 커진다. 앵무새 스스로 체중계에 오르도록 유도하는 것이 중요하다.

- - - - - 체중계만으로 측정하는 방법 - - - - -

1 조금 멀리서 유도한다

보상 포인트

체중계를 무서워하지 않는 새라면 '이리 와' 훈련의 요령으로 체중계까지 유도한다. 이때 앵무새가 체중계에 다가가지 않는다고 해서 체중계를 앵무새 가까이 가져가면 안 된다.

2 올라가면 간식을 준다

해냈다!

체중계 가까이 다가가려 하면 충분히 기다려준다. 앵무새가 체중계에 올라가면 간식을 준다.

간단

- - - - - - 횟대를 이용하는 방법 - - - - - - -

1 체중계 위에 횟대를 올린다

앵무새를 체중계로 유도하기가 어려울 때는 횟대째 무게를 재면 비교적 간단하다. 단, 횟대가 익숙하지 않은 새라면 48쪽의 '이동장을 무서워할 때는…'처럼 먼저 횟대를 익숙하게 만든다. 체중계는 0.1g 단위로 측량할 수 있는 제품을 추천한다.

2 횟대 위에 앵무새를 올린다

좋아!

앵무새가 손에 오르면 횟대 가까이 데려간다. '이리 와' 훈련 때처럼 횟대로 슬며시 유도한다.

49

앵무새의 문제 행동을 줄이는 방법

앵무새는 사육자를 곤란하게 하려는 것이 아니다

"우리 집 앵무새는 입질이나 스크리밍을 너무 많이 해서 힘들어요."

이런 고민을 하는 사육자들이 많을 것이다. 하지만 확실한 것은 앵무새가 사육사를 곤란에 빠뜨리기 위해 그런 행동을 하는 것은 아니라는 것이다. 그렇다면 왜 그런 행동들을 할까?

결론부터 말하자면, 앵무새는 그런 행동들을 통해 무언가를 얻기 때문이다. 예컨대 사육자의 손을 무는 경우를 생각해보자. 물린 순간 "아파!"라고 소리를 지르게 된다. 앵무새는 '사육자가 반응해주었다'라고 받아들인다. 반응이 좋은 경험으로 기억되어서 무는 행동을 반복하는 것이다. 이처럼 문제 행동의 대부분은 앵무새가 사육자의 주의를 끌기 위한 것이다. 그러므로 문제 행동을 했을 때, 사육자가 말을 걸거나 관심을 표현하면 바람직하지 않은 행동을 강화하는 셈이다.

앵무새의 행동 이면에는 그것을 계속하게 싶게 만드는 경험과 동기가 존재한다. 응용행동분석학은 이 경험과 동기를 바꿔 문제 행동을 줄이는 것부터 시작하라고 조언한다.

〈앵무새의 행동과 숨겨진 동기〉

싫어하는 행동	좋아하는 행동
• 번거로운 일 • 즐겁지 않은 일 • 무시 당하기	• 즉각적인 반응 • 즐거운 일 • 관심 받기
↓	↓
자신에게 혜택이 **없는** 일이라고 느낀다	자신에게 혜택이 **있는** 일이라고 느낀다

문제 행동을 줄이는 방법

간단해요

앵무새의 행동은 그 자체만으로 판단해서는 안 된다. 행동에는 반드시 계기가 되는 '사전 상황'이 있으며 '행동'으로 발생하는 '결과'가 있다. 이 세 가지로 판단하는 것을 '기능적 평가(ABC 프로세스)'라고 한다.

사전 상황
AntecedentS

행동
Behavior

결과
Consequence

앵무새 행동의 직접적인 계기.

Ⓐ 상황 후의 앵무새의 행동.

Ⓑ 행동을 하여 앵무새가 얻은 경험. 불쾌한 경험이라면 Ⓑ행동은 서서히 줄어든다.

───── 예시 ── 모이통을 반복해서 떨어뜨리는 앵무새 ─────

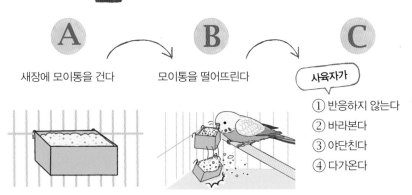

A

B

C

새장에 모이통을 건다

모이통을 떨어뜨린다

사육자가

① 반응하지 않는다
② 바라본다
③ 야단친다
④ 다가온다

Ⓒ의 ②~④ 행동은 앵무새에게 좋은 경험이 될 가능성이 크다. ②~④라는 혜택이 있기 때문에, 앵무새는 Ⓑ 행동을 점점 더 하게 된다. 사육자가 반응을 보이지 않으면, 앵무새는 '모이통 떨어뜨리기=즐겁지 않은 일(혜택이 없는 일)'이라고 학습하여 그렇게 행동하는 횟수가 줄어들 것이다.

앵무새
입장에서
생각해주세요

문제 행동이 고쳐지지 않을 때

칭찬인가요?
화내는 건가요?

앵무새의 입장이 되어 보상을 생각하자

50~51쪽에서 설명한 대로 앵무새가 문제 행동을 했을 때 사육자가 보이는 반응이 그 후의 행동을 결정짓는다. 이때 사람이 생각하는 벌이나 보상이 앵무새에게도 똑같이 벌이나 보상이 될 것인지 의심해봐야 한다. 예를 들어 문제 행동을 했을 때 야단치거나 물을 끼얹는 등의 일을 하면서 벌이라고 생각하는 사육자들이 있다. 앵무새가 싫어하는 일을 했다고 속단하는 것이다. 바로 그 순간에는 문제 행동을 멈출지 모르지만, 오히려 그런 행동은 사육자의 관심이라는 보상이 될 수 있다. 이런 인식의 차이가 앵무새의 문제 행동을 오히려 강화하고 있을 수도 있다.

문제 행동을 강화하는 잘못된 대응들 ✕

일관된 규칙이 필요하다

동일한 문제 행동에 대해 어제는 무시하다가 오늘은 야단치거나 하면 앵무새는 혼란에 빠진다. 모든 가족 구성원이 일관성을 가지고 대응해야 한다.

Case 1 입으로 바람 불기

일반적으로 앵무새의 행동을 멈추기 위해 쓰는 방법이지만, 놀이로 받아들이는 앵무새도 있다.

Case 2 손 흔들기

물렸을 때 보이기 쉬운 반응이다. 이것을 좋아하는 새도 있지만, 손동작에 공포를 느껴 사육자를 경계하는 새도 있다.

Case 3 낮은 목소리로 꾸짖기

낮은 목소리로 엄하게 꾸짖어도 앵무새는 혼나고 있다는 생각을 하지 못한다.

Case 4 이름 부르기

꾸짖으면서 이름을 부르는 것은 좋지 않다. 앵무새가 이름에 반응해 좋아할 수도 있고, 반대로 자신의 이름을 싫어하게 될 수도 있기 때문이다.

앵무새에게도 칭찬이 필요하다

"우리 집 앵무새는 문제 행동만 하고 칭찬할 일이 전혀 없어요."

이렇게 말하는 사육자가 있을지 모르겠다.

대부분의 사육자는 주로 꾸짖는 쪽에만 신경을 쓰다 보니 새가 온순하고 착하게 행동할 때는 지나치기 쉽다. 하지만 앵무새 입장에서는 사육자가 칭찬해주지 않으니 조금이라도 더 관심을 끌려고 문제 행동을 하는 것일 수 있다.

문제 행동을 했을 때 반응을 하지 않는 것과 동시에, 문제 행동 없이 온순하게 지낼 때는 칭찬하는 것도 필요하다. 무는 버릇이 있는 앵무새의 경우, 손을 가까이 가져갔을 때 물지 않았다면 간식을 주면서 칭찬해주자. 그러면 '물지 않으니까 간식을 줬다'라는 경험을 학습하여 물지 않는 시간이 늘어나게 된다.

바르게 행동했을 때 칭찬하는 법

잘 관찰하면 일상생활에서 앵무새를 칭찬할 타이밍이 많을 것이다.
충분히 칭찬하여 앵무새가 즐거운 경험을 쌓으면 사육자와의 사이도 더 좋아진다.

───── 예시 ───── **모이통을 반복해서 떨어뜨리는 앵무새** ─────

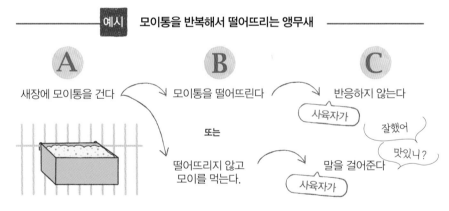

A 새장에 모이통을 건다

B 모이통을 떨어뜨린다

C 반응하지 않는다
사육자가
잘했어
맛있니?

또는

떨어뜨리지 않고 모이를 먹는다.

말을 걸어준다
사육자가

올바르게 칭찬해주세요

모이통을 떨어뜨리지 않고 먹었을 때는 말을 거는 등 반응을 보이자. 앵무새는 사육자의 반응에 기분이 좋아져 그 행동을 강화한다. 앵무새에게는 사육자가 보이는 반응이 '칭찬'인 것이다. 반대로 "안 돼"라고 꾸짖는 말도 앵무새는 '칭찬받고 있다, 주목을 끌었다'라고 느끼므로 주의해야 한다.

앵무새와의 신뢰 관계 회복하기

신뢰를 되찾으려면 인내가 필요하다

앵무새가 사육자의 손을 피하거나 두려움을 느끼게 되었다면 사육자에 대한 신뢰가 무너졌다는 의미다. 다시 거리를 좁히는 것은 간단한 일이 아니다. 앵무새에게 신뢰를 잃는 계기는 다양한데 사육자의 면밀한 관찰로 상당 부분 예방할 수 있다.

【앵무새에게서 신뢰를 잃는 계기】

✔ 무리하게 잡으려 했다.　　　　✔ 싫어하는지 모르고 계속 쓰다듬었다.
✔ 몸을 때리는 등의 체벌을 했다.　✔ 반항기인데 집요하게 말을 걸었다.

물론, 주의한다 하더라도 앵무새에게 상처를 주는 경우가 있을 수 있다. 중요한 것은 시간이 지나면 해결될 거라는 생각을 하지 않는 것이다. 앵무새와의 신뢰 관계는 내버려 둔다고 자연스럽게 좋아지지 않는다.

앵무새의 신뢰를 다시 얻으려면, 충분한 시간 동안 보상 훈련을 통해 (싫어하게 된) 사육자의 손을 받아들일 수 있게 해야 한다. 하루아침에 신뢰를 되찾기는 어렵지만 인내심을 가지고 노력하면 거리는 서서히 좁혀질 것이다. 결과가 바로 보이지 않는다고 조급해하지 말고 꾸준히 훈련시키자.

반항기는 잘 성장하고 있다는 증거예요

앵무새의 반항기

'반항기'라는 표현을 쓰지만, 사실 사육자에게 반항하는 시기를 의미하는 것은 아니다. 어떤 새에게든 있는 성장 과정 중 한 단계로, 아래 두 시기에 반항 행동이 두드러진다.

▷ 자아가 싹트는 시기

한 살 즈음. 무슨 일이 벌어지는지 아무것도 몰랐던 상태에서 자신의 의사를 표현하기 시작한다.

▷ 사춘기

사춘기를 맞으면 감정 조절이 어려워진다. 특히 대형 수컷은 성격이 완전히 바뀌기도 한다.

반항기 극복하기

반항기를 맞은 앵무새는 그 전까지와 달리 사육자의 손길을 싫어하거나 공격적이 되기도 한다. 이때는 앵무새의 기분을 배려하여 집요하게 말을 걸지 말고 느긋하게 지켜보도록 하자. 또 앵무새가 쓰다듬어달라고 다가왔을 때만 쓰다듬도록 한다. 머리를 숙이고 가까이 다가오면 쓰다듬어달라는 신호다.

신뢰 관계를 되찾는 방법

다시 사이가 좋아질 거예요

다음은 보상을 통해 사육자의 손이 공포의 대상이 아님을 깨닫게 하는 방법이다. 사육자에게 한 발이라도 가까이 다가오면 진전이라고 보고, 여유를 가지고 시도해보자.

1 새장 너머로 간식을 보인다

우선 새장 너머로 간식을 보인다. 이때 간식을 든 손은 움직이지 않도록 하자.

2 먹지 않으면 간식은 모이통에

반응을 보이지 않는다면 모이통에 간식을 넣고 물러난다. 강요하는 행동은 금물. 이 과정을 반복하여 '저 사람이 나타난다=보상'이라는 인상을 심어주자.

> **POINT**
> 사육자가 물러난 뒤에 앵무새가 모이통의 간식을 먹으면 우선은 성공으로 볼 수 있다. 간식을 보이고 나서 물러날 때까지는 5〜10초 정도가 좋다.

3 물러나는 거리를 조금씩 줄인다

물러나는 거리를 5미터, 3미터로 서서히 줄인다. 사육자 앞에서 모이통의 간식을 먹을 때까지 반복한다. 이 과정이 성공한다면, 새장 너머에서 새에게 간식을 줘보자.

4 새장 밖으로 나오게 하여 간식을 준다

성공했다면 신뢰 회복은 얼마 남지 않았다! 이제 새장 밖에서 간식을 줘보자. 밖으로 나오지 않을 경우에는 새장 입구에 간식을 놓고 물러나기를 반복한다.

> **POINT**
> **3**에 성공했다면 새장 안에서 '이리 와(45쪽)' 훈련을 하여 의사소통을 시도해보자.

포기하지 말아요

신뢰를 쌓기 전까지 하면 안 되는 행동 ✕

먹는 척, 노는 척~

앵무새의 흥미를 끌려면 눈앞에서 간식을 먹거나 장난감을 가지고 노는 시늉을 하면 좋다. 단, 이것은 신뢰 관계 형성이 전제되어야 한다. 싫어하는 사람이 이 행동을 하는 것은 의미가 없다.

문제 행동별 대처 방법

사람을 곤란하게 하는 문제 행동이지만, 앵무새는 그럴 의도가 전혀 없다. 왜 그런 행동을 하는지 앵무새의 기분을 파악하여 문제 행동의 원인을 알아보고 대책을 세워보자.

Case 1
물기

원인 ### 의사 표시, 방어 수단 등 다양하다

앵무새가 무는 데는 다양한 이유가 있지만 중요한 것은 사육자의 반응이다. 무는 행동이 습관화된 이후 물렸을 때 사육자가 보인 반응이 앵무새에게 큰 영향을 준다.

반응을 보이니, 더 물어야지!

▶ 왜 물까?

① 의사 표시
좋은 것이든 싫은 것이든 '물면 의사가 전달된다!'라고 앵무새에게 학습되었다.

② 잘못 학습된 행동
①과 마찬가지로 '새장으로 돌아가고 싶을 때 물었더니, 들여보내 주었다' 등의 경험을 통해 물면 원하는 것이 이루어진다고 학습되었다.

③ 방어 수단
겁이 많은 앵무새들은 대부분 공포에서 벗어나기 위해 무는 행동을 한다. 또, 자기 영역을 지키기 위해 무는 경우도 있다. 무엇에 공포를 느끼고 있는지 잘 살펴볼 필요가 있다.

▶ 무는 버릇이 생긴 앵무새의 심리

놀아주는 건가?

앵무새에게 어느 쪽이 보상인지 생각해보자

무반응은 재미없다

반응을 얻었다

무반응

노려보기
손 젓기
고함치기

'노려보기', '손 젓기', '고함치기' 등의 반응을 보인 경우와 무반응의 경우를 비교해보자. 앵무새에게는 반응이 곧 보상이 된다.

대책

물지 않을 때의 대응도 중요하다

물린 직후에 화가 났다는 반응을 보여도 앵무새에게 전해지지 않는다. 오히려 보상으로 착각하는 경우도 있다. 물렸을 때는 반응을 보이지 않고 그 자리를 뜨는 것이 가장 좋은 방법이다.

물면 보상을
주지 않을까?

물지 않았을 때 대응하는 법

물면 어떻게 대응할지보다 물지 않았을 때 어떻게 칭찬해주는지가 중요하다. 사육자가 손을 내밀어도 물지 않으면 충분히 칭찬하여 '물지 않기=좋은 일'이라고 학습하게 하자. 앵무새의 보디랭귀지를 잘 살펴, 새가 물지 않는 환경을 만드는 것도 중요하다.

▶ 물렸을 때의 잘못된 반응

• 노려보기
→ 앵무새 나를 바라봐주네♪

• 입김 불기
→ 앵무새 풍욕이다~

• 손 젓기
→ 앵무새 물었더니 즐거운 놀이가 시작되었네!

• 큰 소리로 고함치기
→ 앵무새 말을 많이 걸어주네♪

• 바닥에 내려놓기
→ 앵무새 계단 오르기 놀이가 시작이야!

• 새장에 넣기
→ 앵무새 술래잡기 시작♪

한 사람에 대한 집착을 막으려면

앵무새는 좋아하는 상대 이외에는 흥미를 갖지 않는다

앵무새는 파트너 이외의 사람이나 새를 자신과는 상관없는 대상으로 인식하곤 한다. 이 감정이 심해지면 파트너에게는 찰싹 달라붙고 그 이외의 대상에게는 공격적인 태도를 보이는 '집착 상태'가 된다.

'집착 대상'의 가족이 대응하는 방법이 열쇠다

집착 상태에서 앵무새는 파트너 이외의 상대를 물거나 공격한다. 이것을 해결하려면 먼저 파트너로 인식된 사람은 가급적 앵무새와의 접촉을 삼가야 한다. 그리고 다른 가족이 적극적으로 나서서 앵무새를 보살피도록 한다.

Case 2
스크리밍(소리 지르기)

원인

소리 지르면 사육자가 반응하니까

앵무새는 사람도 동료로 간주해 소리로 의사소통을 한다. 종종 큰 소리를 냈을 때 사육자가 '시끄러워'라는 반응을 보이면 말을 걸어주었다고 착각해 스크리밍이 습관으로 굳어진다.

▸ **스크리밍의 종류**

① 얼라이브 보컬라이제이션(Alive vocalization)
→ 일상적인 수컷의 울음
② 콘택트 콜(Contact call)
→ 동료와의 의사소통 확인
③ 알람 콜(Alarm call)
→ 위험을 알리는 울음소리

모든 울음소리는 사육자가 무심코 보인 반응을 계기로 스크리밍으로 발전할 수 있다.

▸ **다음의 행동을 하고 있지 않은가?**

앵무새가 스크리밍을 했을 때 사육자의 대응을 확인하자.

① 노려본다.
② 야단친다.
③ 새장으로 다가간다.
④ 새를 풀어놓는다.
⑤ "그래그래, 알았어"라고 말한다.
⑥ 스프레이로 물을 뿌린다.

①~⑥은 모두 앵무새에게 보상으로 받아들여질 수 있다. 소리를 지르면 혜택이 생긴다고 여기고 스크리밍을 반복하게 된다.

대책

'콘택트 콜'을 활용하여 허용되는 소리를 가르친다

허용할 수 없는 소리에 반응하지 말고, 그 대신 사육자가 '삐삐삐삐' 하고 작은 소리로 시범을 보여준다. 그러면 앵무새도 그것을 따라 하며 작은 소리로 운다. 그때 사육자가 반응을 하면 큰 소리를 지르는 스크리밍은 줄어들 것이다.

가족이 있다면 먼저 규칙부터 정하자

'이 소리는 좋아. 그 소리는 안 돼'와 같은 식으로 규칙부터 정하고 시작하는 것이 좋다.

사례 ▸ 주변이 울릴 정도로 소리를 내던 왕관앵무 '펄'

[이름]
펄
[품종]
왕관앵무
[성별]
수컷

집안일을 하느라 그때그때 앵무새를 들여다볼 수 없어 스크리밍 대처법을 꾸준히 실천하기 어려웠다. 그럼에도 불구하고 펄은 6개월 동안 스크리밍을 거의 하지 않았다. 올바른 방법으로 대처했더니 펄도 흥분하지 않고 작은 소리로 응답해주었다.

실천한 대책

· 허용되는 소리일 때는 가까이 가서 칭찬한다.
· 큰 소리로 울 때는 휘파람을 불거나 책상을 톡톡 두드려 답한다.

58

깃털 뽑기

원인 **심리적 문제, 건강 문제 등 다양하다**

앵무새가 깃털을 뽑는 이유는 매우 다양하므로 우선 질병의 가능성부터 알아보자. 질병 때문에 깃털을 뽑는 증상이 나타날 수 있다. 병원 진료 후, 병이 아니라고 판단되면 다른 가능성을 찾아보자.

▶ **깃털을 뽑게 되는 이유**

• 질병이나 영양 부족, 심심하거나 습관이 되어서
• 사육자의 부재
• 이사 등으로 인한 환경 변화
• 윙클리핑(윙컷)
• 사육자의 주의 끌기

대책 • **질병이 의심되는 경우**

감염성 질병, 대사 이상, 내분비 이상, 종양, 오음(잘못된 음식 섭취) 등이 원인일 수 있으므로 병원을 찾는다. 수의사에게 언제부터 깃털을 뽑기 시작했는지 알릴 수 있도록 매일 앵무새의 건강을 확인한다.

• **건강에 문제가 없는 경우**

• **사육자의 부재**
• **환경 변화**

사육자의 외출이 잦거나 이사로 인한 환경 변화가 계기일 수 있다. 새로운 환경에 적응할 수 있도록 도와주자. 먹이 활동이나 장난감 놀이를 통해 자신의 깃털 이외의 것에 관심을 갖도록 한다.

• **심심하거나 습관이 되어서**

무료함에서 오는 불안이나 스트레스를 해소하기 위해 자기 자극 행동으로서 깃털을 뽑는 경우가 있다. 놀이 등을 통해 더 즐거운 일이 있다는 사실을 가르쳐주자.

• **윙클리핑(윙컷)**

윙클리핑이 불가피하더라도, 갑자기 나는 행동에 제약을 받게 된 앵무새에겐 큰 스트레스로 작용할 수 있다.

➡ 자세한 사항은 118쪽에

• **사육자의 주의 끌기**

가끔 깃털을 뽑았을 때(또는 뽑혔을 때) 사육자가 크게 놀라 걱정하면 앵무새는 '반응이 좋았다'라고 받아들일 수 있다. 그렇게 사육자의 주의를 끌기 위해 깃털을 계속 뽑는 것이다. '깃털 뽑기, 자해 → 무반응', '장난감 가지고 놀기, 모이 먹기 → 보상이나 말 걸기 등의 반응'을 보여, 다른 방법으로도 사육자의 주의를 끌 수 있다는 것을 학습하게 한다.

Case 4
발정 상태의 지속

 원인 ## 사육 환경에서는 발정이 오기 쉽다

야생 앵무새와 달리 사육 환경의 앵무새는 기본적인 욕구 세 가지가 이미 충족된 상태이기 때문에 번식 욕구가 높아진다. 사육자가 무심코 한 행동을 앵무새는 구애 행동으로 받아들일 수도 있다.

지나친 발정은 위험!

발정 과다에 따른 위험은 수컷보다 암컷이 더 심각하다. 발정과 산란은 큰 부담으로, 생명에 영향을 줄 수 있으므로 만반의 대책을 세우자. 공격성이 강해지거나 깃털 뽑기로 이어지는 경우도 있다.

▷ 과잉 산란

암컷은 알을 체내에서 생산하기 때문에 산란이 만성화되면 체내 영양의 균형이 깨진다.

▷ 질병의 원인

대사 장애로 말미암아 부리나 발톱이 변형되거나, 칼슘이 부족한 채로 산란하여 알 막힘 등의 증상이 나타나기도 한다.

▶ 앵무새의 욕구

↑ 번식 욕구
(자손을 남기고 싶다)

↑ 우월 욕구
(다른 앵무새보다 강하고 싶다)

↑ 안전 욕구
(안전한 장소에서 살고 싶다)

↑ 생리적 욕구
(먹이와 수면)

> 욕구 불만이 뭐예요?

앵무새의 기본적인 욕구가 충족되지 않는 환경을 만들어주는 것이 중요하다.

 대책 ## • 식사 제한 (비만인 경우만)

적정 몸무게 이상인 새는 주의가 필요하다. 비만은 만병의 원인이 되지만, 특히 발정의 큰 요인이기도 하다. 먹이가 충분한 환경은 새끼를 키우기에 적당하기 때문이다. 키우는 새가 비만이라면, 하루치 모이를 여러 번 나누어 준다.

▶ **식사를 제한할 때의 주의점**

· 적정 몸무게와 하루치 모이 양을 파악한다

매일 앵무새의 몸무게와 앵무새가 먹은 모이 양을 기록한다. 사흘에 몸무게 1그램 줄이기를 목표로 1일 섭취량을 조정하여 적정 몸무게를 만들도록 하자.

· 수의사와의 상담이 먼저

몸집이 작은 앵무새에게 몸무게 1그램 줄이기는 큰 변화다. 식사를 제한할 때는 혼자서 판단하지 말고 수의사와 상담하도록 한다.

> 오늘 먹이는 이것뿐?

발정을 촉진하는 행위 ✕

- 쓰다듬기(특히 겨드랑이)
- 머리 위에 얹기
- 지나친 말 걸기
- 항상 함께 있기
- 사육자의 손톱을 물게 내버려 두기

• 발정 상대나 대상을 만들지 않는다

반려조는 사람도 파트너나 동료로 인식한다. 이 때문에 사육자가 다음과 같은 행동을 하면 그것으로 자극을 받아 발정하기도 한다. 스킨십이 지나치지 않도록 주의하자.

• 흥미를 느낄 대상을 찾는다

야생과 달리 반려조는 먹이에 대한 욕구가 충족된 만큼 번식 욕구가 강해진다. 따라서 다양한 먹이 활동을 추천한다. 먹이 활동에 열중하면 그만큼 번식 욕구는 억제된다.

➡ 자세한 사항은 84쪽에

먹이 활동을 추천해요

• 광주기(光周期)를 짧게 한다

앵무새는 밝은 시간이 길어질수록 쉽게 발정한다. 앵무새는 '광주기가 길다(따뜻한 계절)=먹이를 찾기 쉽다'라고 인식하기 때문이다. 밝은 시간이 8시간 미만이 되도록 새장에 암막 천을 치거나 사람이 없는 곳으로 새장을 옮기는 등, 야간에 숙면할 수 있는 환경을 만들자.

• 둥지로 삼을 것을 주지 않는다

특히 암컷의 경우, 둥지나 둥지의 재료가 발정의 계기가 되기도 한다. 앵무새마다 종이나 천 등 둥지의 재료로 인식하는 것이 다르므로 새를 잘 관찰하여 발정을 불러올 만한 물건은 치우자.

[이름] 쭈쭈
[품종] 사랑앵무
[성별] 암컷

사례 발정과 산란을 반복하던 사랑앵무 '쭈쭈'

처음에는 호르몬 주사로 억제했지만, 점차 효과가 떨어졌다. 그래서 먹이 활동을 시도하였고, 실온도 일정하게 관리하였다. 현재 1년 정도 발정이 지속적으로 억제되고 있다.

실천한 대책
- 하루치 모이 양을 정한다.
- 깨어 있는 시간을 조절한다.
- 먹이 활동으로 무료한 시간을 줄인다.

Case 5
편식

 원인 좋아하는 먹이가
확실하지 않아서

앵무새의 편식에는 이렇다 할 이유가 없는 경우가
많다. 씨앗식의 경우, 혼합씨앗 중에서 좋아하는 씨
앗만 골라 먹거나 채소를 먹지 않을 수 있다. 인내심
을 가지고 편식 습관을 조금씩 바꿔보도록 하자.

편식이 진행되면…

특히 씨앗을 먹이로 하는 앵무새 중에 채소를 먹지 않
는 경우를 주의해야 한다. 씨앗을 먹는 새는 비타민이
나 미네랄을 채소로 보충해야 하므로 채소를 먹지 않으
면 영양이 부족해질 수 있다.

▶ **편식 사례**

• 펠렛을 먹지 않는다.
• 씨앗 중에 좋아하는 것만 골라 먹는다.
• 채소를 먹지 않는다.

 대책 • **펠렛으로 교체한다**

펠렛은 앵무새에게 필요한 영양소가 모두 들어 있
는 종합 영양식이다. 편식하는 새는 먹이를 펠렛으
로 바꾸는 것이 좋다. 단, 펠렛은 씨앗에 비해 기호
성이 떨어진다. 제품에 따라 색이나 모양, 성분이
다양하므로 그중 선호하는 것을 찾도록 한다. 우
선, 옆의 순서대로 서서히 교체해보자.

• **다 먹기 전에 더 주지 않는다**

모이통에 든 씨앗을 다 먹지 않았는데 더 부어주면
결국 좋아하는 것만 골라 먹게 된다. 모이통이 비
었을 때 새로운 씨앗으로 바꿔주자.

• **방법을 달리하여 채소를 준다**

생채소를 싫어한다면 말리거나 자르는 방법을 달
리하여 줘보자. 한편, 라이벌인 새가 채소를 먹으
면 그걸 보고 채소를 먹는 경우도 있다.

➡ 모델 라이벌 방법은 69쪽에

▶ **씨앗에서 펠렛으로 교체하는 방법**

① 씨앗에 펠렛 가루를 묻힌다.

② 씨앗에 펠렛을 섞고, 펠렛의 양을 서서히
늘린다.

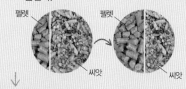
펠렛   펠렛

씨앗   씨앗

③ 펠렛을 먹는다면 낮에는 펠렛, 저녁에는
씨앗을 준다.

④ 저녁의 씨앗 비율을 줄이고, 펠렛 비율을
서서히 늘려 나간다.

※ 잘 먹고 있는지, 몸무게가 줄어들지 않았는지 꼼
꼼히 확인하며 씨앗과 펠렛을 교체한다.

가지 말아야 할 장소에 간다

 원인 호기심이나 주의를 끌기 위해

그 장소에 갔을 때 사육자가 "안 돼!"라고 반응하면 앵무새는 그걸 보고 '말을 걸어주네. 놀이 시작~' 이라고 인식했을 수 있다. 또한 발정기가 되면 좁은 장소에 파고들고 싶어 한다.

뭐지?

거기는 안 돼!

 대책 있어야 할 곳에 있으면 보상

가도 좋은 곳에 갔을 때 보상을 주거나 말을 걸어 앵무새를 칭찬하자. 있어도 좋은 곳에는 좋아하는 장난감을, 가지 말아야 할 곳에는 싫어하는 장난감을 놓아두는 것도 방법이다. 가면 안 되는 장소에서 보였던 반응을 가도 좋은 장소에서 보이는 것이 열쇠다.

여기는 있어도 괜찮은 곳 ♥

앵무새가 도망가지 않도록 주의하자

도망가지 않는 새는 없어요!

앵무새 찾는 법

- 경찰서에 실종 신고를 한다
- 보건소에 연락한다
- 근처 아파트 단지, 동물병원 등에 새를 찾는다는 전단지를 붙인다
- SNS나 인터넷 게시판 등을 이용하여 널리 알린다

새장에서 앵무새를 꺼낼 때는 창문이 열려 있는지 반드시 확인한다

사람과 친해진 새라도 무언가에 순간적으로 공포를 느껴 열려 있는 창문으로 도망치는 경우가 많다. 그것이 새의 본능이다. 방심하지 말고 새를 새장에서 꺼낼 때는 반드시 창문과 문을 닫고 가족들에게도 상황을 알린다.

도망쳤을 때는 이름을 불러 찾는다

새는 공포를 느낄 때, 우선 대상물로부터 도망쳐 거리를 둔 다음 안전한 방법을 찾는다. 도망치고 많은 시간이 흐르지 않았다면 가까운 곳에 있을 가능성이 크다. '이리 와' 훈련이 된 새라면 사육자의 소리를 알아들을 수 있다.

새장으로 들어오지 않는다

원인 · 새장 속에 있는 것이 따분해서

보통 새장 안에 있기가 지루해서 새장 안으로 들어가기 싫어한다. 따라서 새장 안도 즐거운 장소임을 알려주면 저항 없이 돌아가게 될 것이다. 또한 새장에서 꺼내는 시간과 돌려보내는 시간이 매번 다르면, 앵무새는 '오늘은 언제 나갈 수 있을까, 언제 되돌아가게 될까?' 하고 생각하게 된다.

▶이런 행동은 금물

- 새장에 앵무새가 들어가면 바로 그 자리를 떠난다.
- 새장에 들어가 있을 때는 의사소통을 하지 않는다.
- 새장 안에 장난감을 두지 않는다.
- 새장 밖으로 앵무새를 꺼내지 않는 날이 있다.
- 새장 밖에서도 모이나 물을 준다.

대책 · 새장 안을 즐거운 환경으로

새장 안을 밖과 마찬가지 또는 그 이상의 즐거운 환경으로 만들어주자. 장난감을 마련해줄 뿐 아니라, 새장 밖에서 말을 걸거나 훈련을 하는 등 사육자와 소통하는 시간을 갖는다.

➡ 새장으로 돌아가는 훈련은 48쪽에

· 새장 밖에서 일정한 시간을 보낸다

새장 밖에서 보내는 시간을 일정하게 정하면 앵무새에게 생활 리듬이 생긴다. 하지만 시간을 엄격히 지키기보다는 몇십 분에서 한 시간 정도 차이를 두면 좋다.

· 새장 밖에 모이통과 물통을 두지 않는다

새장 밖에서도 모이나 물을 먹을 수 있다면 앵무새에게는 새장으로 돌아갈 이유가 없어진다. 새장 안에서만 모이와 물을 먹을 수 있도록 하자.

보상은 가장 좋아하는 것으로!

새장으로 돌아갔을 때 앵무새가 가장 좋아하는 것을 보상으로 주면 '새장으로 돌아가는 것=가장 좋아하는 보상'이라는 인식이 생긴다.

새장에 들여보내는 것이 불쌍하다?

앵무새와 함께 살아가려면 규칙이 필요하다

앵무새를 기르다 보면 새장에 들여보내야 할 때가 반드시 온다. 순간의 감정이 아니라, 앞으로 몇 년, 몇십 년을 함께 살아갈 반려조의 행복을 생각하자.

새장도 편해요 익숙해지면

▶새장에 들어가지 않을 때의 단점

방 안 물건으로 다칠 수 있다

방 안에는 앵무새에게 위험한 요소가 많다. 이물질을 삼키는 등의 사고를 방지하기 위해서도 새장에 들어가는 습관을 들여야 한다.

➡ 자세한 사항은 126쪽에

치료를 위해 새장에서 지낼 때 스트레스를 받는다

치료를 위해 병원 새장에서 지내야 할 때가 올 수도 있다. 평소 새장에 익숙하지 않은 앵무새라면 매우 큰 스트레스를 받게 된다.

Case 8
패닉 상태

원인

유전적으로 겁이 많은 앵무새가 있다

왕관앵무(특히 루티노) 중에서 겁이 많은 성격이 종종 나타나며, 심하면 극심한 패닉 상태에 빠질 수도 있다. 진동이나 소음 때문에 패닉에 빠지는 경우도 많다.

무서운 건 정말 싫어요!

대책

서서히 환경에 익숙해지도록 도와준다

이 경우, '체계적 둔감법'을 활용해 공포심을 서서히 제거할 수밖에 없다. "괜찮니?"라며 달려가는 것은 패닉을 더욱 심하게 만들 뿐이다. 패닉 상태가 안정될 때까지 가만히 내버려 두자. 한편 '이리 와' 훈련 등을 활용하면 앵무새에게 자신감이 생겨 사소한 일로는 놀라지 않게 될 것이다.

▶소리에 익숙해지는 방법

특정 소리
그 소리를 녹음하여 재생함과 동시에 사육자도 같은 소리를 낸다. 이렇게 특정 소리를 사육자의 소리라고 생각하게 만든다. 우선 작은 음량으로 시작하자.

진동
평소 새장을 조금씩 흔들며 익숙해지도록 한다. "흔들리네~"라고 부드러운 목소리로 말하면서 흔든다. 그런 뒤에 보상을 주도록 하자.

앵무새에게 놀이가 필요한 이유

자유로운 시간을 지루하게 여기지 않아야 한다

집에서 사는 앵무새와 야생에서 사는 앵무새의 하루는 얼마만큼 다를까?

사람과 함께 사는 앵무새는 사육자의 영향으로 깨어 있는 시간이 긴 반면, 먹이 활동이나 둥지를 만들 필요가 없어 아무 일도 하지 않고 보내는 시간이 압도적으로 길다. 게다가 하루 중 대부분의 시간을 새장 안에서 보내므로 자유롭게 날아다니거나 앵무새 무리와 어울

릴 수 있는 기회가 매우 적다. 다시 말해 야생 앵무새에 비해 한가롭게 주어지는 시간이 많아진다.

깃털 뽑기와 쪼기, 스크리밍 등의 문제 행동은 달리 할 일이 없을 때 쉽게 나타난다고 한다. 따라서 앵무새가 '자유로운 시간=따분한 시간'으로 인식해 문제 행동을 일으키지 않도록 적절한 놀이 방법을 알려주어야 한다.

노는 건 질리지 않아

앵무새의 생활 스타일

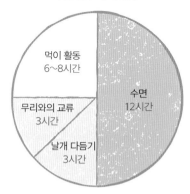

▶야생 앵무새의 하루

먹이 활동
6~8시간

무리와의 교류
3시간

날개 다듬기
3시간

수면
12시간

일찍 자고 일찍 일어난다. 깨어 있는 시간의 절반을 먹이 활동에 할애해야 하므로 날아다니는 시간이 길다.

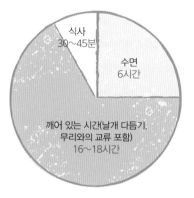

▶반려 앵무새의 하루

식사
30~45분

수면
6시간

깨어 있는 시간(날개 다듬기, 무리와의 교류 포함)
16~18시간

사육자와 아침을 함께 맞으므로 깨어 있는 시간이 길다. 또한 먹이를 찾아 움직일 기회가 없다.

놀이의 종류

▷▷▶ 세 가지 놀이를 적절히 활용하자

앵무새의 놀이는 종류가 매우 다양하다. 여기서는 앵무새의 놀이를 크게 세 가지로 분류했다. 어느 한 가지 놀이에 치우치지 않고 고르게 노는 것이 가장 바람직하다. 할 수 있는 것부터 시도해보자.

놀이로 행복한
생활을 ♪

안전에 세심한 주의를 기울이자

놀이를 할 때는 안전에 충분히 주의하도록 한다. 우선 장난감을 살펴보자. 납 등 유해한 독성 소재가 들어 있지 않은지, 삼키거나 목을 휘감거나 다리에 껴서 사고가 일어날 만한 구조인지 확인하자. 한편, 창문이나 문이 닫혔는지, 앵무새가 들어가면 위험한 장소는 없는지 등도 확인해야 한다.

---

1 혼자서 놀기

사육자가 개입하지 않는 놀이 방법이다. 자유로운 시간에 혼자서 놀 수 있게 되면 깃털 뽑기나 스크리밍 등의 문제 행동이 개선된다. 장난감을 갖고 노는 것이 중심이 된다.

2 먹이 활동

사육자가 먹이를 주는 방법에 변화를 주면, 야생에서 이루어지는 먹이 활동을 어느 정도 흉내 낼 수 있고, 삶의 질이 높아지는 효과를 기대할 수 있다.

➡ 86쪽으로

3 함께 놀아주기

앵무새의 지루함을 달래는 데는 ①과 ②만으로도 충분하다 하지만 사랑하는 앵무새와 유대감을 강화하려면 함께 노는 것이 가장 좋다. 재주를 가르쳐서 몸과 머리를 쓰도록 해보자.

➡ 98쪽으로

오늘은 무얼 하며
놀까요?

어떻게 하면 앵무새가 잘 놀 수 있을까?

놀이 방법을 가르쳐야 잘 논다

장난감만 주면 앵무새가 혼자서 잘 놀 것이라고 생각하면 큰 착각이다. 훈련과 마찬가지로 놀이 방법을 가르쳐주지 않으면 제대로 놀지 못한다. 장난감을 보고도 놀지 않는다면 앵무새가 놀이 방법을 모르거나 그 장난감을 좋아하지 않기 때문이다.

한 가지 확실히 말할 수 있는 것은 놀이를 싫어하는 앵무새는 없다는 점이다. 앵무새가 즐겁게 놀 수 있을 때까지 인내심을 가지고 노력하자. "재미있지?" 등 말을 걸며 의욕을 부추기거나 동기를 부여하면 앵무새의 마음을 빼앗을 놀이를 찾을 수 있을 것이다.

놀이 훈련법

새로운 장난감을 줄 때는 시간을 들여 천천히 익숙해지도록 하자. 이후 70쪽을 참고하여 앵무새가 좋아하는 소재를 발견해 보자.

▷▷▶ 무서워하지 않는지 확인하자

기본적으로 앵무새는 보수적인 성격을 지녔다. 그래서 잘 모르는 장난감에 거부감을 보이는 새도 적지 않다. 갑자기 새로운 장난감을 새장 안에 넣지 말고 우선 멀리서 보여주며 새의 반응을 살피자.

> **POINT**
> 푸드득 날갯짓을 하거나 길게 소리 내어 우는 등의 반응을 보이면 경계와 거부의 신호다. 이럴 때는 장난감을 무리하게 가까이 가져가지 말고 중단하도록 한다.

▷▷▶ 기다리는 자세가 중요

장난감에 거부감을 보인다고 해서 꼭 그것으로 놀지 않는 것은 아니다. '싫어하나?' 하고 바로 포기하지 말고 천천히 익숙해지도록 노력하면 앵무새가 흥미를 가질 수 있다.

인내심을 가져요

방법 1 앵무새의 시야에 장난감을 놓는다

저게 뭐지?

앵무새는 낯선 것에 저항감을 느끼는 경우가 많다. 다시 말해, 장난감이 '익숙한 것'이 되어야 한다. 장난감을 새장에서 조금 떨어진 곳에 매달거나 놀이 공간에 놓아보자.

방법 3 좋아하는 것을 장난감 주변에 놓아둔다

특별 보상이다!

앵무새가 무엇을 좋아하는지 알고 있다면(40쪽) 그것을 장난감 주변에 놓아두자. 좋아하는 것에 이끌려 거리를 좁히면 금세 익숙해진다.

▷▷▶ 조금씩 가르쳐보자

앵무새의 반응을 살핀 뒤에는 익숙해질 수 있도록 도와줘야 한다. 이를 위해서는 다음의 세 가지 방법이 효과적이다. 지금 바로 도전해보자.

방법 2 사육자가 장난감을 만지며 보여준다

안전한 건가?

많은 앵무새들이 휴대전화나 리모컨을 좋아한다. 그 이유는 사육자가 만지는 물건이므로 안전하다고 인식하기 때문이다. 이런 심리를 응용하여 장난감을 만지는 모습을 보여주면 앵무새의 경계심이 풀어진다.

열중이다

'모델 라이벌'로 앵무새의 의욕을 자극하자

놀이를 가르칠 때는 '모델 라이벌' 방법이 효과적이다. 앵무새의 습성(17쪽)을 이용한 방법으로, 다른 앵무새나 사람에게 원하는 행동을 대신하게 하고, 그 모습을 눈앞에 보여주는 것이다. 앵무새는 어떻게 해야 상을 받고, 사육자에게 칭찬을 받을 수 있는지를 눈으로 보고 배운다. 새로운 먹이를 먹이고 싶을 때도 효과적인 방법이다.

앵무새가 좋아할 장난감 찾는 법

앵무새의 취향을 파악해 장난감을 선택하자

잘 놀 줄 아는 앵무새로 키우려면 앵무새가 좋아하는 장난감이 주로 어떤 종류인지 알아 두어야 한다. 그러기 위해서는 앵무새의 '취향'을 살피는 것이 중요하다.

앵무새는 좋고 싫음이 매우 분명하다. 예컨대 티슈는 좋아하지만 신문지는 싫어하고, 또 면 100%의 천이 아니면 가지고 놀지 않는 등, 사육자가 보기에는 지나치게 예민하다 고 느낄 정도다. 앵무새가 무엇을 선호하는지는 모양이나 소재, 색깔 외에도 매달려 있 거나 바닥에 놓여 있는 등의 상황으로도 판단할 수 있다.

좋아하는 것을 파악하는 요령

1 앵무새가 다가갈 때까지 기다린다

앵무새의 코앞에 장난감을 들이밀지 말고 멀리 두자. 새 스스 로 흥미를 가지고 다가갈 때까지 기다리자.

2 다양한 장난감을 보여준다

무엇이 앵무새의 마음을 사로잡을지는 알 수 없다. 장난감을 다양하게 보여주고 앵무새를 살펴보자. 단, 사전에 소재가 안 전한지 꼼꼼하게 확인할 것.(67쪽)

3 앵무새마다 습성을 고려한다

사랑앵무나 왕관앵무는 땅 위에서 먹이 활동을 하고, 대형 앵 무새는 무언가를 부수는 것을 좋아하는 등, 앵무새의 품종마다 습성이 다르다. 이를 고려해 좋아하는 대상을 찾는 것도 하나 의 방법이다.(24쪽)

'안 돼 작전'으로 흥미를 유도하자

안 된다고 한다면… ♪

휴대전화나 리모콘을 좋아하는 앵무새(69쪽)가 많은 데는 또 다른 이유가 있다. 앵무새가 부리로 쪼았을 때 주인이 "안 돼!"라고 반응을 보이기 때문이다. 이런 상 황을 응용하여, 장난감을 가지고 놀 때 "안 돼"라고 말 하며 슬쩍 방해해보자. 장난감에 대한 흥미를 더 높일 수 있을 것이다.

Let's Challenge!
앵무새의 행동을 관찰하여 장난감을 추리해보자

앵무새의 취향은 새가 지금 어떤 행동을 하는지 관찰해보면 알수 있다. 새장 안팎에서 앵무새가 보이는 행동을 바탕으로 무엇을 마음에 들어 하는지 추리해보자.
추리를 토대로 앵무새에게 장난감을 주고 반응을 살피면 취향을 자연스럽게 알 수 있을 것이다. 여기서는 행동을 보고 추리하는 방법을 소개하겠다. 관찰할 때는 장난감의 소재가 안전한지, 장난감을 삼킬 위험이 없는지 사전에 충분히 확인하자.

잘~
보세요!

새장 안에서의 행동

상황 1 모이통을 쫀다

새장에 설치한 모이통의 가장자리를 쫀다. 모이통 재질은 플라스틱이고 오렌지 색깔이다.

→

- **소재** 플라스틱을 좋아하나?
- **색** 오렌지색을 좋아하나?
- **모양** 두께가 마음에 드나?
- **상황** 가장자리 갉는 걸 좋아하나?

새장 밖에서의 행동

상황 2 티슈를 쫀다

책상에 놓아둔 티슈를 부리로 쫀다. 상자를 쪼거나 티슈를 뽑아낸다. 반응하는 상자의 특징은…

→

- **소재** 티슈를 좋아하나?
- **소재** 티슈 상자를 좋아하나?
- **상황** 뽑아내는 행동을 좋아하나?

작은 상자 안에 신문지를 채우고 장난감으로 줘보자.

상황 3 옷에 기어오른다

사육자의 옷에 기어올라 셔츠를 쫀다. 특히 잘 쪼는 셔츠의 특징은…

→

- **소재** 특정 소재의 셔츠를 좋아하나?
- **상황** 주머니, 깃의 가장자리를 좋아하나?
- **소재** 지퍼를 좋아하나?
- **소재** 단추를 좋아하나?

천에 단추를 달아 만든 장난감을 추천한다. 안에 먹이를 넣어두면 먹이 활동도 유도할 수 있다.(92쪽)

앵무새 장난감 도감

사육자에게는 대단해 보이지 않아도 앵무새에게는 최고의 놀잇감이 될 수 있다.
앵무새의 장난감들을 소재별로 나누어 소개한다.

나무 wood

유카나무

겉은 단단하고 안쪽으로 갈수록 부드러운 나무. 단단한 면과 부드러운 면 모두를 즐길 수 있다.

말린 담쟁이덩굴

쪼아서 부수거나 안에 간식을 숨겨놓고 찾게 하는 놀잇감으로 좋다.

솔송나무

유카나무나 발사나무에 비해 단단하다. 무는 재미를 느낄 수 있어 부수는 것을 좋아하는 앵무새에게 추천.

이쑤시개

소형 앵무새에게 추천. 쥐거나 물거나 뽑거나 운반하며 놀 수 있다.

발사나무

물어서 부술 수 있을 만큼 비교적 부드럽다. 부수는 놀잇감에 익숙하지 않은 새에게도 추천한다.

코르크

소형에서 대형에 이르기까지 모든 앵무새에게 추천. 앵무새가 쪼아서 부수는 장난감이니 깨끗이 씻어서 주도록 하자.

아이스크림 막대, 스푼

나무 스푼은 좋은 놀잇감이다. 깨끗하게 씻어서 주자. 사진은 천연 염색제로 물들인 제품.

나무젓가락

소형에서 대형에 이르기까지 모든 앵무새에게 추천. 앵무새가 쪼아서 부수는 장난감이니 깨끗이 씻어서 주도록 하자.

나뭇가지는 살균 처리된 것을 구입하자

안전제일!

밖에서 주운 나뭇가지에는 눈에 보이지 않는 작은 벌레가 붙어 있거나 균이 있을 수 있다. 또한 농약 등 앵무새에게 해로운 성분이 있을 수 있다. 꼭 살균 처리를 거친 것을 구입하여 주도록 하자. 확실히 안전하게 보이더라도 꼼꼼하게 손질하여 주도록 한다.

종이 (paper)

골판지

잘게 찢거나 구멍을 뚫어 틈새에 간식을 숨길 수 있다. 수제 장난감의 필수품.

신문지

흐물흐물한 종이를 좋아하는 새에게 추천. 손으로 잘게 찢은 것이나 분쇄기로 잘라낸 것 등, 새마다 선호하는 신문지 형태가 다르다.

전단지

반들반들한 표면과 선명한 색상을 좋아하는 새에게 추천. 접거나 찢는 등 좋아하는 상태로 만들어 앵무새에게 건네자.

키친타월

부리로 찢는 느낌을 좋아하는 새에게 추천. 키친타월을 꼬아 모이를 숨겨도 좋다.

그물 모양의 종이

모이를 쌌을 때 속이 보이므로 먹이 활동 초보 앵무새에게 추천한다.

티슈

티슈를 잘게 찢거나 티슈 상자에서 꺼내는 것을 좋아하는 새에게 추천.

종이 심지

두루마리 휴지, 랩, 테이프 등의 종이 심지를 줘보자. 쪼았을 때, 종류별로 단단한 정도가 다르다.

종이컵

두께가 있어 새가 부리로 쪼며 놀 수 있다. 속에 간식을 넣어도 좋다.

종이 달걀판

종이 달걀판은 모이통으로도 쓸 수 있다. 단, 달걀이 들어 있던 것보다 새 달걀판을 주는 것이 좋다.

크라프트지

종이봉투에 활용되는 크라프트지의 찢는 느낌을 좋아하는 새가 많다.

종이 상자

과자 상자 등 다양한 색상의 상자를 줘보자. 주기 전에 접착제가 묻은 부분은 제거한다.

약봉투

바스락거리는 소재감을 좋아하는 새에게 추천. 깨끗한 봉투에 간식을 넣어 주도록 하자.

끈 string

골풀 노끈

무는 것을 좋아하는 새에게 추천. 골풀 매트도 좋다.

사이잘 노끈

사이잘삼(sisal hemp)이라는 식물의 섬유로 만는 것. 굵기에 따라 종류가 다양하다.

무명실

수제 장난감의 재료로도 활용할 수 있다. 굵기가 가늘어 새의 목에 감기지 않도록 주의한다.

삼끈

삼끈은 구입하기 쉽다는 장점이 있다. 수제 장난감의 재료로도 활용도가 높다.

매듭을 만들면 좀 더 즐겁게 놀 수 있어요♪

비닐끈

씹었을 때 전선과 비슷한 감촉을 좋아하는 새가 많다. 새의 목에 감기지 않도록 주의하자.

리본

면, 오건디, 종이 등 다양한 소재 중에 새가 좋아할 만한 것을 찾아보자.

종이끈

종이백 손잡이로 달려 있는 끈. 종이를 좋아하는 새에게 추천한다.

천 cloth

※천을 장난감으로 줄 때는 사고가 발생하지 않도록 주의하자.(92쪽)

면

좋아하는 색과 무늬의 천을 찾아서 줘보자. 부리로 쪼며 재미있게 놀 것이다.

데님

작게 잘라서 줘보자. 가늘게 찢으며 놀 것이다. 단, 주기 전에 지퍼와 단추 부분은 제거하자.

셔츠

사육자가 입던 셔츠를 주면 더 친근하게 받아들인다.

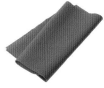

가죽

벨트나 지갑, 백 등에 흥미를 가지는 새에게 추천. 다른 천보다 씹는 감촉이 있다.

플라스틱 plastic

비즈

장난감으로도, 모이통에 넣는 방해물로도 활용할 수 있다. 삼키지 못할 크기의 것을 고르자.

페트병 뚜껑

깨끗이 씻어서 준다. 간식을 넣어주어도 좋다.

볼펜

플라스틱 볼펜도 장난감이 된다. 단, 반드시 잉크를 빼고 주도록 하자.

도시락 용품

도시락용 꼬치나 소스통, 빨대, 포크 등을 장난감으로 활용해보자.

기타 other

면봉

소형 앵무새에게 추천. 물거나 잡거나 하며 논다.

종

소리를 내며 논다. 핥아도 안전한 소재의 것으로 선택하자.

볼트, 너트

수제 장난감의 재료가 된다. 스테인리스 제품으로 납이 들어 있지 않은 것을 고르자.

고무공

고무 소재의 장난감. 물었을 때 질긴 고무 감촉을 즐기는 새에게 추천한다. 안에 씨앗을 숨겨도 좋다.

바구니

속에 모이나 장난감을 넣어 새장 안팎에 매단다. 쪼기 좋아 쓸 만하다. 둥지로 사용하지 않게 주의할 것!

수세미

쪼는 것을 좋아하는 새라면 무척 좋아할 수 있다. 사이사이에 모이를 넣어도 좋다.

S자 고리

무는 느낌을 좋아하는 새에게 추천. 플라스틱과 스테인리스 제품이 있다. 장난감을 매다는 데 사용해도 좋다.

수납함

플라스틱제의 작은 서랍장 속에 모이를 넣어 찾게 하면 먹이 활동이 된다.

앵무새에게 '혼자 놀기'란?

혼자 놀기로 앵무새에게 좋은 자극을 주자

앵무새가 혼자서 놀 수 있게 되면, 사육자가 집을 비웠을 때 혼자서 시간을 의미 있게 보낼 수 있다. 또, 문제 행동이나 발정도 억제된다. 적극적으로 혼자 놀 수 있게 해보자. 놀이는 시각과 사고 작용에 좋은 자극을 줄 만한 것으로 선택한다. 바닥에서 놀거나 뭔가를 부수는 등 품종에 따른 습성을 고려해 놀이를 선택하면 좋다.

호기심이 왕성한 앵무새라면 모르겠지만, 대부분의 앵무새는 처음부터 사육자가 원하는 대로 놀지 않는다. 즐겁게 놀 수 있도록 사육자가 도와주도록 하자.

혼자 놀기의 주의점

놀이 친구는
사육자 ♥

1 지켜봐주는 것이 중요하다

힐끔

앵무새가 놀이에 흥미를 가지려면 '동기'가 필요하다. 처음에는 장난감을 준 상태에서 내버려두지 말고 즐겁게 놀면 칭찬해준다. 반복하면 놀이 자체를 즐길 수 있게 된다.

2 지나친 개입은 좋지 않다.

그러나 사육자가 너무 오래 지켜보는 것은 좋지 않다. 사육자가 보지 않으면 놀지 않게 되기 때문이다. 개입하는 빈도는 서서히 줄이도록 한다.

3 싫증내기 전에 바꿔준다

아무리 좋아하는 놀이도 싫증나기 마련이다. 같은 놀잇감만 주지 말고 몇 가지 놀이를 만들어 상태에 따라 적절히 바꿔준다.

장난감은 자주 바꿔준다

장난감을 넣어주고 내버려 두는 것은 금물! 발정의 원인이 된다. 또한 장난감이 안전한지 꼼꼼히 확인하자.(67쪽)

새로운 장난감?

즐거운 혼자 놀기를 위한 몇 가지 아이디어

앵무새가 혼자서 재미있게 놀 수 있는 몇 가지 아이디어를 소개한다.
자신의 앵무새가 무엇을 좋아할지 하나씩 실험해보자.

IDEA 1
소리 내기

▷▷▶ 좋아하는 소리를 찾자

앵무새는 소리로 의사소통을 하기 때문에 소리에 흥미를 잘 느낀다. 또한 어떤 동물이든 '자신이 한 일에 반응이 돌아온다'는 것에 즐거움을 느끼기 마련이다. 종 등의 작은 악기를 준비하여 앵무새에게 소리를 내게 해보자. 반응을 보며 좋아하는 소리를 찾아봐도 좋다.

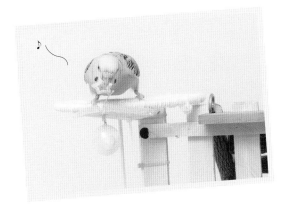

연습하기 - - - - - - - - - - - - - - -

LEVEL UP

1.
처음에는 사육자가 시범을 보여준다. 예컨대 종이라면 앵무새 앞에서 흔들어 소리가 나는 것을 보여준다.

컵으로 챙챙!
특별한 음악을 준비하지 않아도 좋다. 컵을 '챙챙' 울리는 것만으로도 앵무새에게 놀이가 된다.

2.
사육자의 시범대로 앵무새가 종을 울렸다면 보상을 준다. 처음에는 우연히 울렸더라도 충분히 칭찬해주자.

심벌즈로 짤랑짤랑!
주변에서 쉽게 심벌즈를 구입할 수 있다. 부리로 심벌즈를 쿡쿡 쪼아 소리를 내면 칭찬해주자.

▷ ▷ ▶ **쪼고 부수면서
에너지 발산**

야생 앵무새는 나무껍질이나
두꺼운 열매의 껍질을 벗길
만큼 부리의 힘이 강하고 발
가락도 잘 사용한다. 쪼아서
부수는 것을 좋아하는 앵무새
에게는 부숴도 괜찮은 장난감
을 주자. 마음껏 부리로 쪼아
부수면 에너지 발산에도 도움
이 된다.

이 느낌 정말 좋아요♥

나무 블록을 쪼며
논다. 대형 앵무새
라면 몇 초 만에
부술 수 있다.

골판지도 앵무새의 장
난감으로 변신. 찢거나
부리로 쪼며 논다.

플라스틱제의 장난감
도 좋다. 발가락으로
장난감을 잡아 부수며
논다.

LEVEL UP

장난감 상자를 준비하자

장난감이 늘어나면 상자를 하
나 준비해 장난감을 모아놓자.
'오늘은 어떤 것을 가지고 놀까'
생각하는 것만으로도 두뇌에 좋
은 자극이 된다.

이 앵무새는 잠시 고민하더니 음료수 병을 골랐다.
내일은 다른 장난감을 고를지도 모른다.

도전, 수제 장난감 만들기

▷▷▶ 직접 만들면 재미있고 경제적이다!

장난감을 직접 만들어보자. 특히 쪼아서 없어지는 소모형 장난감은 직접 만들어 쓰면 좋다. 앵무새가 좋아하는 소재로 시판 제품을 참고하여 만들어보자. 단, 안전성을 충분히 고려하자.

어디에서 놀까?

장난감을 직접 만들 때 주의할 점

1 앵무새에게 해로운 것은 금물

납 등 유해 물질이 들어 있지 않은지 확인하자. 또한 유리 제품이나 점착성이 있는 것도 피하도록 한다.

2 예상하지 못한 사고에 주의

다리나 목에 감기기 쉬운 실, 신축성 있는 고무줄, 삼킬 가능성이 있는 작은 크기의 비즈는 사고의 원인이 되므로 피한다.

3 상황에 따라 리폼한다

앞서 말한 대로 앵무새는 싫증을 잘 내는 동물이다. 호기심이 사라진 것처럼 보이면 리폼해주는 것이 좋다.

끈이나 고리 +목제 장난감

끈이나 고리를 이용해 목제 장난감과 간식을 매단 것. 발로 움켜쥐고 쪼면서 노는 모습을 볼 수 있다.

빈 상자+신문지

빈 상자에 잘게 찢은 신문지를 채우고 표면에 커터로 칼집을 낸 것. 티슈처럼 꺼내며 논다.

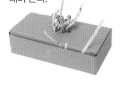

골판지+이쑤시개

골판지에 이쑤시개를 꽂은 후, 끈을 꿰어 매달기만 하면 끝. 앵무새가 이쑤시개를 뽑으며 논다.

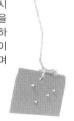

잡고 굴리기

▷▷▶ 잡고 굴리며 반응을 즐긴다

둥근 장난감에 종을 넣으면 앵무새가 잡거나 흔들거나 굴릴 때 소리가 난다. 앵무새의 체형에 맞는 크기로 준비하자. 한편 간식을 넣으면 먹이 활동 장난감(86쪽)으로도 활용할 수 있다. 앵무새가 테이블에서 장난감을 떨어뜨리고 그것을 사육자가 주우며 놀아도 좋다.

어디 한번 굴려 볼까나~

땅 위에서 먹이 활동을 하는 앵무새는 굴리며 노는 것을 좋아한다.

대형 앵무새뿐 아니라 일부 소형, 중형 앵무새도 장난감을 잘 쥐고 흔든다.

큰 장난감도 문제없다. 부리로 힘차게 굴리며 놀 것이다.

LEVEL UP

리트리브(retrieve)

장난감을 부리로 물거나 발로 잡아 사육자에게 건네는 것을 '리트리브'라고 한다. 사육자와의 의사소통을 강화하는 놀이 중 하나다. 한번 도전해 보자.(100쪽)

여기 있어요

IDEA 4
싸우기

침입자다!

▷▷▷▶ '적'의 존재가 좋은 자극이 된다

좋아하는 사람, 좋아하는 것으로 둘러싸인 환경은 안정감을 주는 대신 자극이 없다. 이럴 때 앵무새가 싫어하거나 공격하는 대상을 두고 싸우게 하면 좋은 자극이 될 수 있다. 앵무새의 반응을 살피며 적당한 대상을 찾아보자.

LEVEL UP

협력하여 악당을 물리치자

사육자가 신호를 주면 앵무새가 악당을 물리치는 놀이를 해보자. 사육자와의 의사소통을 강화할 수 있다.

사진과 같이 고정하면 앵무새가 싫증날 때까지 싸울 수 있다. 단, 계속 내버려 두면 지나치게 흥분할 수 있으니 적당한 때에 회수하자.

때로는 알아서
화낼 줄도
해줘요!!

흥분이 지나치지 않도록 주의할 것

흥분이 지나치면 발정의 계기가 될 수 있다. 또한 흥분 상태일 때 사육자가 손을 내밀면 무서운 기세로 물 수 있으니 주의하자.

▷▷▶ 근력 향상&에너지 발신!

운동을 좋아하는 앵무새들은 횟대를 이용해 앞으로 돌기, 바닥 걷기, 날기, 오르기 등 몸을 이용한 놀이를 즐긴다. 몸을 움직이면 근력 강화와 에너지 발산이 동시에 이루어지므로, 앵무새에게 운동 방법을 가르쳐서 적극적으로 시도해보자.

앞으로 돌기

영차!

앞으로 돌기

연습하기

1.

간식을 횟대 바로 밑으로 가져간다

앵무새를 횟대에 오르게 한다. 횟대 바로 밑에 간식을 가져가 앵무새의 시선이 간식을 향하게 한다.

2.

단계별로 간식을 준다

앵무새가 간식을 쫓아 거꾸로 매달리면 간식을 한 번 준다. 그 상태에서 한 바퀴를 돌 때까지 단계별로 간식을 주며 유도한다.

3.

한 바퀴를 다 돌면 간식을 준다

한 바퀴 돌아 원래 위치로 돌아오면 간식을 한 번 더 준다. 보상을 조금씩 줄여서 연습시키면 이후 보상이 없어도 돌 수 있게 된다.

응용하기

앵무새의 운동은 다양하다. 주변을 정리해서 앵무새가 맘껏 몸을 움직일 수 있도록 해보자.

잘하는 운동을 찾아보세요♪

통과하기

터널을 통과하게 해보자. 특별한 장난감이 없어도 사진과 같이 상자 일부를 뚫으면 간이 터널이 만들어진다. 단, 발정에 주의할 것.

오르기

부리와 다리를 이용해 사다리나 의자를 기어오르게 하자. 익숙해지면 계단을 높여 난이도를 올리자.

걷기·달리기

바닥을 달리거나 걷는 것도 훌륭한 운동이 된다. 대형 종이나 지상에서 먹이 활동을 하는 앵무새는 바닥에서 걷는 것을 좋아한다. 넓은 바닥에서 맘껏 달리게 하자. 단, 소형 앵무새의 경우에는 실수로 밟지 않도록 주의한다.

건너뛰기

야생에서 나무를 오가며 생활하던 환경을 집에서도 재현해주자. 사진과 같이 다리를 만들어도 좋다.

새에게 가장 큰 운동이 되는 것은 역시 비행이다. 주의할 점을 지켜 앵무새가 맘껏 날 수 있도록 하자.(132쪽 참고)

날기

먹이 활동에 도전해보자

야생의 먹이 활동을 집에서 재현하는 법

먹이 활동이란 야생에서 앵무새가 생존을 위해 먹이를 구하는 행동을 말한다. 야생의 앵무새는 깨어 있는 시간의 대부분을 먹이 활동에 할애한다. 하지만 집에서 사는 반려 앵무새의 경우, 사육자가 모이통에 채워준 씨앗을 언제든 원할 때 먹기만 하면 된다. 결과적으로 하루 중 거의 대부분을 아무것도 하지 않고 보내게 되는 것이다.

이러한 문제를 해소하려면 사육자가 그동안의 사육 방법에 변화를 주어 앵무새가 매일 먹이를 찾아 먹을 수 있게 해주어야 한다. 다양한 방법으로 먹이 활동을 하게 하면 앵무새는 매일 신선한 자극을 받으며 먹이를 먹을 수 있다.

또한 먹이 활동은 앵무새의 삶의 질과도 관련이 있다. 앵무새로서의 존엄을 지키며 질적으로 행복한 삶을 살 수 있다는 의미다. 야생에서는 당연했던 먹이 활동을 집에서도 재현하면 앵무새는 좀 더 앵무새다운 생활을 하게 된다. 그러면 무료한 시간이 줄고 하루하루를 알차게 보낼 수 있다. 결과적으로 문제 행동이나 발정에 쏟는 에너지가 줄어 이러한 행동을 억제하는 효과도 기대할 수 있다.

지루한 날들이여 안녕~!

모든 앵무새가 할 수 있는 것은 아니에요

앵무새의 컨디션을 배려하자

먹이 활동은 좋은 효과를 가져오지만, 모든 앵무새가 도전할 수 있는 것은 아니다. 최소한 병이나 상처가 없고 건강해야 하며, 평균 몸무게를 유지해야 한다는 조건이 필요하다. 또한 식욕이 없거나 건강 진단을 받지 않았거나 이사 등으로 환경이 변한 경우에도 먹이 활동을 삼가야 한다. 성장 단계에 맞게 무리 없이 먹이 활동을 하는 것이 중요하다.

효과적인 먹이 활동 방법

먹이 활동에는 긍정적인 효과가 많지만, 방법이 옳지 않으면 효과가 반감된다. 주요 핵심을 잘 파악하여 도전해보자.

▷▷▶ 수시로 개선·교체하자

먹이 활동의 목적은 야생에서 사냥할 때와 같은 자극을 주는 것이다. 그러므로 한 가지 방식을 유지하면 자극이 되지 않는다. 앵무새와 두뇌 싸움을 한다는 마음으로 수시로 먹이 활동 방식을 개선하고 교체하자. 앵무새가 지속적인 자극을 받을 수 있어야 한다.

> **POINT**
> 한번 익숙해져 중단한 먹이 활동이라도 시간이 지난 뒤 다시 하면 새로운 자극이 된다. 1개월을 기준으로 다시 한번 시도해보자.

① 모이통의 개수를 늘린다

처음에는 내용물이 보이는 투명한 모이통을 사용하자. 익숙해지면 색깔이 있는 것으로 바꿔도 좋다.

▷▷▶ 먹이의 양을 정확히 관리하자

먹이 활동만으로 모든 음식을 먹게 하는 것은 금물. 제대로 먹지 못해 필요 영양분을 섭취하지 못할 수도 있다. 우선 하루치 먹이가 아닌 추가분을 준비하자. 좋아하는 음식을 준비해 먹이 활동을 연습하면 된다. 익숙해지면 추가 음식을 없애고, 하루치 모이의 범위 내에서 먹이 활동을 하도록 한다.

어떻게 풀지?

▷▷▶ 조금씩 단계를 높인다

갑자기 고난이도의 먹이 활동에 도전할 필요는 없다. 처음에는 모이통을 늘리는 것만으로도 자극이 된다. 먹이를 충분히 먹는 것을 확인한 뒤에 다음 단계로 나아가자.

② 작은 방해물을 넣는다

모이통에 방해물을 넣는다. 처음에는 가볍게 치우기만 하면 모이를 먹을 수 있고, 앵무새가 놀라거나 삼키거나 하지 않을 크기로 하나만 넣는다.

③ 큰 방해물을 넣는다

구슬이나 종이 등 완전히 치우지 않으면 모이를 먹을 수 없는 큰 방해물을 넣어보자.

How to

효과적인 먹이 활동을 위한 몇 가지 아이디어

앵무새 사육자들이 실천하고 있는 먹이 활동들을 소개한다.
도전하기 쉬운 것부터 시도해보자.

먹이 활동 장난감

▷▷▶ 다양한 장난감을 준비한다

다양하게 가지고 놀 수 있는 장난감이 곧 '먹이 활동 장난감'이다. 앵무새의 지적 호기심을 채워줄 만한 것을 준비하자. 먹이 활동 장난감은 전문 펫숍에서 판매하고 있지만, 내 앵무새에겐 맞지 않을 수 있으므로 직접 만드는 것을 추천한다.

구르는 장난감

어떻게 하면 먹을 수 있을까?

POINT
① 장난감 자체를 무서워하거나 ② 배가 부르거나 ③ 장난감에 매력을 느끼지 못할 때 반응이 좋지 않을 수 있다. 하나씩 개선해보자.

연습하기 -

1.
장난감에 먹이 넣는 모습을 보여준다

우선 장난감에 먹이가 들어 있다는 것을 가르쳐준다. 앵무새가 볼 때 장난감에 먹이를 넣는다.

2.
사육자가 먼저 시범을 보인다

어떻게 하면 먹이를 얻을 수 있는지 사육자가 시범을 보인다. 예를 들어 데굴데굴 굴리면 먹이가 나오는 모습을 보여준다.

3.
장난감을 앵무새에게 건넨다

먹이 활동 장난감을 줘보자. 앵무새가 방법을 모른다면 1~2를 여러 번 반복하며 인내심을 가지고 가르친다.

응용하기

시판 제품에서 직접 만드는 장난감까지 다양한 먹이 활동 장난감을 이용한 아이디어를 소개한다. 반려조가 좋아하는 것을 찾아보자.

흔드는 장난감

만 드 는 법

① 아크릴 통을 여러 개 준비한 다음, 모든 통의 바닥에 먹이가 나올 정도의 작은 구멍을 뚫는다.
② 여러 개의 아크릴 통을 층층이 포개어 붙인다. 맨 위의 통은 뚜껑을 열 수 있도록 한다.
③ 가장 위의 통 뚜껑에 끈을 달면 완성!

가장 위 칸에 먹이를 넣으면 준비 완료. 상하좌우로 흔들어 먹이를 가장 아래로 떨어뜨리면 먹을 수 있는 구조다. 새장에 설치해도 좋다. 처음에는 아크릴 통 한 개부터 시작하자.

돌리는 장난감

먹이를 담아요

관람차 모형의 플라스틱제 장난감에 먹이를 담은 것. 처음에는 사육자가 어떻게 움직이는지 보여줘야 한다.

돌리는 장난감 응용

아크릴 통과 너트로 만들어요

아크릴 통에 작은 구멍을 뚫어, 가느다란 스테인리스제 봉과 너트를 끼운다. 앵무새가 케이스를 돌리면 먹이가 나오는 구조다.

새장 밖에서도 놀 수 있어요♪

LEVEL UP

새장에 매달아 설치

바닥에 놓지 않으면 난이도가 훨씬 높아진다. 장난감을 끈으로 매달아 새장에 설치해보자. 앵무새가 철망에 발을 걸고 장난감을 돌리는 모습을 볼 수 있다.

여는 장난감

작은 플라스틱 상자로 만든 장난감. 부리로 열기 쉽게 조금 큰 비즈를 달았다.

POINT
상자가 움직이지 않도록 뒷면에 미끄럼을 방지하고 누름돌이 될 만한 것을 달자.

딸깍!

여는 장난감 응용

플라스틱 도시락통과 소스통을 사용. 링으로 뚜껑과 본체를 연결해 열고 닫을 수 있게 했다. 투명하여 안의 먹이가 보이기 때문에 앵무새의 의욕을 돋운다.

LEVEL UP

튜브가 꼬여 있으면 난이도가 조금 높다.

여는 장난감 응용

튜브 끝에 붙어있는 캡을 여는 유형의 장난감. 힘이 좋은 대형종에게 추천한다.

여는 장난감 응용

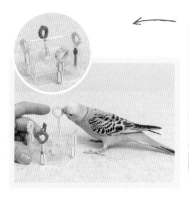

도시락용 꼬치를 모두 뽑으면 뚜껑이 열려 속의 먹이를 먹을 수 있는 구조. 처음에는 꼬치 뽑는 법을 가르쳐주자.

만 드 는 법

① 화장품을 넣는 플라스틱 케이스를 두 개 준비한다. 사진과 같이 옆면 4곳의 중앙에 각각 짧게 자른 빨대를 붙인다.

② 아래 케이스에 먹이를 넣고 사진과 같이 맞추어 겹친다.

③ 도시락용 꼬치를 각각의 빨대에 꽂으면 완성.

잡아당기는 장난감

구멍이 뚫려 있는 원통형 장난감. 신문지를 잘게 잘라 채우고 그 틈에 먹이를 넣는다. 신문지를 잡아당겨 꺼내다 보면 먹이를 먹을 수 있다.

찾기 장난감

골풀 매트에 먹이를 흩뿌리자. 틈새에 들어간 먹이를 찾아 쪼아 먹는 모습을 볼 수 있다.

LEVEL UP

기어올라 찾게 해보자

매트를 세우고 먹이를 사이사이 끼워 넣자. 앵무새가 매트를 움켜잡으면서 먹이를 찾게 된다.

찾기 장난감의 응용

휴지 심지 두 개를 겹친 장난감. 사진 ⓒ의 줄을 잡아당기면 안쪽의 심이 돌아가면서 ⓐ의 구멍에서 먹이를 꺼낼 수 있는 구조.

만 드 는 법

① 굵기가 다른 두 개의 심지를 겹쳐 동일한 위치에 구멍 ⓐ을 뚫는다.

② 두 개의 심지를 분리하여 바깥쪽 심지에 가로로 길게 구멍 ⓑ를 뚫는다.

③ 다시 구멍 ⓐ에 맞춰 두 개의 심지를 겹친 후, 가로로 긴 ⓑ 구멍의 오른쪽 끝에 맞춰 안쪽 심지에 끈 ⓒ를 끼운다.

④ 마지막으로 심지의 위아래에 뚜껑을 만들어 닫는다. 손잡이가 되는 끈 ⓓ를 달아 완성한다.

※ 끈을 달 때는 심지에 작은 구멍을 뚫고 끈을 끼운 다음 안쪽에 매듭을 지으면 된다.

IDEA 2
종이로 싸기

───── 패턴1 **사탕처럼 포장하기** ─────

▷▷▷▶ 먹이를 넣고 사탕처럼 싼다

이름 그대로 사탕처럼 싸는 방법. 앵무새는 부리로 콕콕 쪼아 종이를 찢거나 꼬인 부분을 풀면서 속의 먹이를 꺼낸다. 사용하는 종이는 안전한 소재의 것을 선택하자. 또한 종이를 삼키지 않았는지 세심히 확인하자.

맛있어 보이는 사탕 발견!

새장에 캔디!

여러 개를 만들어 새장에 설치해보자. 이때 먹이를 다 넣지 말고 아무것도 넣지 않은 것을 섞으면 좀 더 자극을 받으면서 먹이 활동을 할 수 있다.

만드는 법 ─────────────────────────────

앵무새에게 만드는 모습을 보여주자!

1.
종이를 직사각형으로 자른다

약봉지 등 안전한 소재의 종이를 준비하여 5cm×2.5cm 정도의 직사각형으로 자른다.

2.
먹이를 넣고 세로로 접는다

종이 가운데에 먹이를 놓은 다음, 점선대로 길게 접는다.

3.
양쪽 끝을 비틀어 사탕처럼 포장한다

양쪽 끝을 한번 비틀어 사탕처럼 싼다. 처음에는 한쪽만 접는 등 난이도를 조절해도 된다.

응용하기

먹이를 싼 종이 여러 개를 클립에 끼워 새장에 매단다. 아래 사진처럼 종이를 스테이플러로 고정해도 되고 사탕 포장을 응용해도 된다.

클립에 끼워 매단다

철망에 고정한다

새장에 설치해도 좋아요

새장의 철망에 클립으로 사탕 포장을 고정시킨다. 접근이 쉬운 횃대 부근, 철망을 기어 올라가야 하는 천장 부분 등 다양한 장소에 설치하자.

패턴 2 비틀어 싸기

▷▷▶ 먹이를 넣고 꽈배기처럼 싼다

키친 타월 안에 먹이를 넣고 꽈배기 모양으로 만드는 방법이다. 꽈배기 몇 개를 만든 다음, 끝을 하나로 모아 묶자. 앵무새가 쪼거나 꼬임을 풀면서 먹이를 찾는 모습을 볼 수 있다. 꽈배기는 촘촘한 것과 듬성듬성한 것을 무작위로 만들면 좋다.

잘 찾아봐!

꽈배기, 꽈배기♪

만드는 법 -

1. 꼬인 부분에 먹이를 넣는다

키친 타월을 세로로 길게 잘라 가볍게 비틀어 꽈배기 모양을 만든다. 꼬인 부분에 먹이를 넣는다.

2. 비틀어 먹이를 숨긴다

먹이가 새지 않게 잘 비틀어 숨긴다. 같은 방법으로 여러 개를 만든다.

속에 좁쌀 씨앗을 넣고…

▷▷▷ 낡은 옷을 활용해 장난감을 만든다

사육자의 낡은 옷은 앵무새가 애착을 느끼기 쉽다. 71쪽을 참고하여 앵무새가 무엇을 좋아하는지 파악해 낡은 옷을 장난감으로 만들어보자. 올이 풀린 부분은 가위로 다듬는다. 단, 천에 발톱이 걸릴 수 있으므로 새장 속에는 넣어주지 말고 사육자의 눈이 닿는 곳에서 놀게 하자.

단추를 이용한다

응용하기

필요 없는 옷은 저에게 주세요

주머니를 사용한다

지퍼를 사용한다

옷의 주머니 부분을 오려내 고리를 달면 완성. 주머니 안에 먹이를 넣어 찾게 하자. 단, 그 안으로 파고들면 발정을 유발할 수 있으므로 사진처럼 속을 얕게 바느질한 후 주도록 한다.

포켓형 티슈 케이스에 지퍼를 달았다. 앵무새가 지퍼를 열면 먹이를 먹을 수 있다. 앵무새가 삼킬 수 없도록 지퍼는 조금 큰 플라스틱 재질로 준비하자.

방해하기

▷▷▶ 바로 시작할 수 있는 간단한 먹이 활동

방해물을 넣는다

어떻게 먹을까~?

방해물을 넣거나 식기에 변화를 주는 먹이 활동 방법이다. 지금까지 소개한 아이디어 중에 가장 쉽게 시도할 수 있다. 먹이 활동을 처음 시작한다면 지금 도전해보자.

조금씩 단계를 높이자

85쪽에서도 소개했지만, 갑자기 난이도를 올리는 것은 좋지 않다.
다음과 같이 천천히 단계를 높이도록 하자.

LEVEL 1

LEVEL 2

LEVEL 3

처음에는 작은 비즈를 넣는다. 단, 삼킬 수 없을 정도의 크기가 좋다.

투명한 납작 구슬을 넣는다. 처음에는 먹이 위에 얹거나 먹는 데 방해되는 위치에는 놓지 않는다.

마지막으로 유리구슬을 넣는다. 부리로 치우면서 먹어야 하므로 난이도가 훌쩍 높아진다

응용하기

이것도 추천!

실리콘 재질의 쟁반에 씨앗을 넣고 비즈나 구슬을 위에 덮어 난이도를 높여보자.

먹기 어려운 그릇으로 바꾼다

줌인!

짜임새가 있는 판을 준비한다. 짜임 사이사이에 먹이와 장애물을 넣어 쉽게 먹을 수 없게 만든다. 바닥에 놓거나 새장 옆에 세워도 좋다.

먹이 활동 장난감을 설치해보자

앞서 소개한 장난감들을 앵무새 주변에 설치해보자.
새장 안팎에서 활용할 수 있는 방법들은 다양하다.
단, 먹이 활동 장난감을 통해 앵무새가 충분히 먹고 있는지 확인해가며 진행하자.

새장 안에 설치한다

▷▷▶ 식사 시간에 새장에 설치!

반려조의 생활 거점은 새장 안이다. 그러므로 무료한 시간을 없애려면 새장에 먹이 활동 장난감을 설치하는 것이 가장 효과적이다. 식사의 대부분을 먹이 활동으로 대체하는 것이 가장 좋다.

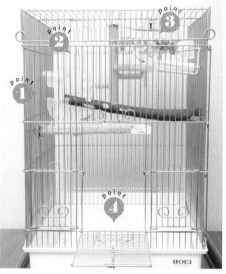

Point 1

**여러 개의 모이통을
설치하자**

이번에는 저기서 먹을까?

우선은 기본 모이통의 수를 늘린다. 방해물을 넣어 모이 먹기를 조금 어렵게 만들면 더욱 좋다.

Point 2

**먹이 활동 장난감을
두세 개 설치한다**

새장의 측면에도 먹이 활동 장난감을 설치한다. 두세 개 정도면 적당하다.

Point 3

천장에도 설치한다

먹이를 사탕처럼 포장하여 클립에 끼운 다음 새장 천장에 설치한다. 새장 철망에 클립을 끼워 설치해도 좋다.

Point 4

바닥에도 장난감을 둔다

앵무새가 바닥에서도 먹이를 먹을 수 있으면 더욱 좋다. 먹이가 든 쟁반에 종이 칩을 깔고 먹이를 숨기자.

▷▷▶ 야생에 온 기분으로 먹이 찾기

먹이를 다양한 곳에 숨기고 마치 야생에 온 듯한 기분으로 찾게 하는 것이다. 철망이나 바구니, 수납 박스 등을 이용해 놀이터를 만들자. 새장 밖에서는 놀이터에서의 먹이 활동을 추천한다. 몸을 움직여야 하므로 앵무새의 운동 부족을 해소할 수 있다.

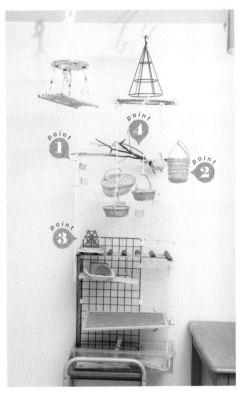

날아서 이동할 수 있도록 모이통을 설치한다

야생에서는 나무에서 나무로 날아 이동하며 먹이를 구했다. 철망 등에 모이통을 띄엄띄엄 설치하여 야생에서의 사냥 활동을 재현해보자.

흔들리는 발판으로 난이도를 올리자

바구니에 먹이를 넣고 끈으로 매달자. 흔들흔들 움직이니까 난이도가 높다.

좋아하는 장난감을 설치하자

반려조가 좋아하는 먹이 활동 장난감을 설치하여 놀이터에서 놀 수 있게 동기를 부여하자.

머물 수 있는 장소를 많이 만들자

횟대 등을 많이 설치하자. 그러면 에어컨이나 조명 등 위험한 장소에 가지 않게 된다.

유대감을 강화하는 '함께 놀기'

앵무새와 '공유'하는 것이 중요하다

앵무새는 무리 생활을 매우 중요하게 여기는 동물이다. 파트너를 사랑하고 수평적 유대를 중요하게 생각하므로, 동료와 함께하면 심리적으로 안정감을 느낀다. 앵무새와 좀더 친해지기 위해 함께할 수 있는 놀이를 생각해보자. 이때 시간, 장소, 동작, 감정 등을 공유하는 것이 중요하다.

함께 놀 수 있는 아이디어를 본격적으로 소개하기 전에 간단한 것부터 시도해보자. 예컨대 앵무새의 울음소리에 맞춰 '삐삐삐' 하고 소리만 내도 '소리'를 공유하는 것이 된다. 또한 앵무새가 즐거운 마음에 날개를 펼쳐 좌우로 흔든다면 사육자도 함께 춤추며 '동작'을 공유할 수 있다. 공유의 정도가 커질수록 앵무새와 사육자 간의 마음의 거리는 가까워진다.

입양한 앵무새가 사육자의 동작을 따라 한다면 사육자를 신뢰하기 시작했다는 신호다.

놀러 왔어요~! 헤헷

함께 놀이할 때의 주의점

❶ 매일 하지 않아도 좋다

매일 놀아야 한다는 생각에 무리하면 나중에는 노는 것 자체가 괴로워진다. 또한 매일 놀아주면 가치가 떨어지므로 2~3일에 한 번씩 해도 충분하다

악수 ♥

❷ 앵무새의 기분에 맞추자

사육자가 놀고 싶어도 앵무새가 내키지 않을 때가 있다. 이때 무리해서 놀면 앵무새가 놀이 자체를 싫어하게 될 수 있다. 반려조의 모습을 살피면서 놀이로 유도하자.

❸ 앵무새가 싫증내기 전에 끝낸다

만족할 만큼 실컷 놀았다면 다음에 다시 놀고 싶다는 생각이 안 날 수도 있다. 사육자는 놀이의 흐름을 잘 파악해 조금 일찍 끝내는 편이 좋다. 앵무새가 '다음에 또 놀고 싶다'란 생각을 하도록 만드는 게 중요하다.

놀이야말로 진정한 승부죠!

> **POINT**
> 가장 즐거워할 때 끝내는 것이 요령. 앵무새가 즐거워하는 모습을 확인하였다면 적당한 타이밍에 놀이를 마치도록 하자.

놀 때는 진지하게!

놀이라고는 해도 앵무새는 매우 진지하다. TV를 보거나 가족과 대화하면서 놀이를 병행하면 사육자에게 화를 낼지도 모른다. 앵무새는 관찰력이 매우 뛰어나 표정이나 태도에서 사육자가 어떤 기분으로 자신을 대하고 있는지 파악하므로 진지한 자세로 놀아주자. 다른 할 일이 있다면 그 일을 먼저 처리하고 준비가 된 이후에 놀아주도록 한다.

How to 함께 놀기를 위한 몇 가지 아이디어

앵무새와 기분과 시간을 공유할 수 있는 다양한 놀이 방법을 소개한다.
함께 즐거운 시간을 보내며 앵무새와 좀 더 친해지도록 하자.

IDEA 1
쿠션 러닝머신

▷▷▶ 야생에 온 기분으로 먹이 찾기

쿠션을 두 손으로 잡고 완만한 경사를 만든다. 앵무새가 쿠션 꼭대기까지 올라오면 쿠션을 한 바퀴 획 뒤집는다. 다시 밑에서 위까지 올라오면 또 한 번 뒤집는다. 이것을 반복하면 된다. 앵무새와 사육자의 협력이 중요하다.

달려라!

연습하기

1.
우선 앵무새가 쿠션에 익숙해지도록 한다. 간식을 올려놓거나 쿠션 위에 올라갔을 때 칭찬해보자.

2.
앵무새가 올라앉은 상태에서 쿠션을 들어올린다. 안정적으로 있으면 간식을 준다.

3.
이제 쿠션 위를 걷는 연습을 한다. 앵무새를 불러 끝에서 끝까지 오면 간식을 준다.

4.
앵무새가 가장 높은 위치에 있을 때 쿠션을 뒤집어보자. 2~3회 반복한다면 성공이다.

이것도 추천!

계단 오르내리기

작은 계단을 오르내리는 놀이. 위에 도착했을 때, 한 번 왕복했을 때 등 순간순간 간식을 주자. 사진은 작은 상자를 쌓아 계단을 만든 것이다.

▷▷▷ 이동장에 대한 거부감을
없애는 효과가 있다

이동장의 밑부분을 떼어내고 바닥에
비스듬하게 놓아 터널을 만든 다음 사
육자의 신호에 맞춰 앵무새가 통과하
는 놀이다. 이동장에 대한 거부감을 없
앨 수 있어 훈련 효과도 있다.

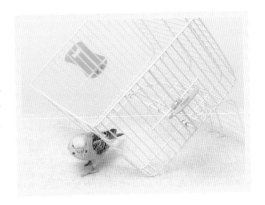

연습하기

1.
바닥을 떼어낸 철망을
테이블에 두고 좋아하
는 간식을 넣어 앵무새
를 안으로 유도하자.

2.
사진과 같이 문을 열어
터널이 되도록 이동장
을 배치한다. 입구와 출
구에 간식을 놓자.

손 터널

이동장이 아닌 사육자의 손을 터널로 삼
아 앵무새가 통과하는 놀이다. 사육자를
좋아하는 반려조라면 이동장을 사용하
는 것보다 도전하기 쉬울 수 있다.

3.
터널의 간식으로 앵무
새를 유도한다. 앵무새
가 입구에서 출구로 능
숙하게 이동하면 간식
을 또 준다.

놀이와 훈련은
서로 통해요

▷▷▶ **다양한 훈련이
결합된 놀이**

동전을
주워 왔어요

사물을 부리로 집어 사육자에게 가
져오는 놀이로, 열심히 연습하면 앵
무새의 특기가 될 수 있다. 우선 훈
련 방법 중 '손 오르기'(44쪽)와 '이리
와'(45쪽)를 익힌 후에 부리로 사물을
집는 연습을 시도해보자.

응용하기 -

플라스틱
동전이에요

이것도 추천!

1.

테이블에 놓인 물건의
수를 늘린다. 우선 한
개부터 도전하고 조금
씩 수를 늘려보자.

큰 것도 문제없어요

앵무새는 의외로 힘이 넘친다. 작은 물
건을 리트리브하는 데 성공하면, 좀 더
큰 것으로 시도해보자. 사진 속 물건은
껌통 뚜껑이다.

2.

앵무새가 아이템을 입
에 물면 바로 "이리 와"
라고 말하며 손바닥을
내밀자.

3.

앵무새가 능숙하게 손
바닥에 오르면 칭찬하
고 간식을 준다.

운반 목적지를 '사물'로 바꾸자

앵무새가 물건을 손바닥이 아닌 사물에
올려놓도록 해보자. 사진처럼 나무 상자
를 준비해도 좋다

고리 던지기

▷▷▶ 고리를 물어 막대에 끼워보자

리트리브의 레벨 업 버전. 앵무새가 고리를 물고 가 막대나 손가락에 끼우는 놀이다. 먼저 앵무새에게 고리를 입에 무는 연습을 시킨다. 고리를 물고 있는 동안에는 막대를 끼우기 어렵다. 완전히 문 다음에 막대를 가까이 가져가 고리를 끼우게 한다. 성공하면 그때그때 보상을 주자.

손가락에 끼워도 좋아요

뒷정리

▷▷▶ 뒷정리도 놀이가 된다

리트리브의 두 번째 레벨 업 버전. 가지고 논 장난감을 상자 속에 넣는 놀이다. 고리 던지기와 마찬가지로 먼저 앵무새에게 장난감을 입에 무는 연습을 시킨다. 사육자가 상자를 부리 밑으로 가져갔을 때, 앵무새가 상자에 장난감을 넣으면 성공이다.

색깔 맞추기 게임

▷▷▶ 시각과 청각을 자극하는 게임

노란색은 이거야!

앵무새는 인지력이 높아 색을 식별하는 능력도 갖추고 있다. 그것을 최대한 활용할 수 있는 놀이가 '색깔 맞추기 게임'이다. 사육자가 말한 색을 앵무새가 선택하면 된다. 색의 이름을 분간하면서 청각 훈련과 두뇌 운동이 이루어지므로 꼭 도전해보자.

연습하기 -

초록

1.
색깔 공을 3개 준비해 하나씩 보여주면서 색을 가르친다. '초, 록'이라고 분명히 발음한다.

2.
3개를 모두 보여준 후, 등 뒤로 공을 숨긴다. 다시 공을 꺼내 골라야 할 색을 말한다. 처음에는 2개로 연습하자.

노랑은?

3.
올바른 색을 고르면 칭찬하고 보상을 준다.

이것도 추천!

노랑은?

바닥에 물건을 늘어놓는다
발로 잡을 수 없는 작은 물건을 바닥에 두고 고르도록 훈련하는 방법도 있다. 리트리브와 색깔 맞추기를 합친 레벨 업 버전.

▷▷▶ 손 안의 내용물 맞추기

손 안에 간식을 숨기고 좌우 어느 쪽에 있는지 맞추는 게임이다. 먼저 앵무새에게 간식을 보여주고 등 뒤에 숨긴다. 그 다음, 한쪽 손에 간식을 숨기고 양손을 주먹 쥔 채 앵무새 앞에 내민다. "어느 쪽?"이라고 말하고, 앵무새가 정답을 맞추면 손을 펴서 간식을 준다.

똑똑해지는 것 같아요!

노는 방법은 여러 가지군요

▷▷▶ 사육자와의 겨루기 한판!

손이나 장난감으로 앵무새를 쫓아가는 놀이다. 앵무새는 대등해 보이는 승부에 의욕을 불태우는 경향이 있다. 단, 앵무새가 무서워하면(110쪽) 중단한다. 반대로 사육자가 도망가는 흉내를 내고 앵무새가 그걸 쫓아가게 해도 즐거운 시간을 보낼 수 있다.

나 잡아 봐~라

빙그르 돌기

▷▷▶ **제자리에서 빙그르 도는 손쉬운 놀이**

사육자가 신호를 주면, 앵무새가 제자리에서 빙그르르 도는 놀이다. 바닥에서도 횟대 위에서도 도전할 수 있다. 앵무새의 '특기'로 꼭 가르쳐보자.

빙글빙글 아주 쉬워요

연습하기 -

이것도 추천!

1.
간식을 손에 쥐고 앵무새의 정면에서 90도 위치까지 이동한다. 앵무새와 닿을락 말락 한 지점에서 고정해보자.

2.
1의 위치까지 오면 간식을 준다. 그 지점에서 다시 90도 지점까지 더 돌게 한다.

3.
이것을 반복하며 앵무새가 90도 돌 때마다 조금씩 간식을 준다. 한 바퀴 돌기에 성공하면 충분히 칭찬해준다.

손가락에 앉아 앞으로 빙그르 돌기

혼자 놀기 방법 중 하나였던 앞으로 돌기(82쪽)를 사육자의 손가락 위에서 하는 것으로, 앞으로 돌기와 같은 순서로 연습하면 된다.

▷ ▷ ▶ **아이와 하는 놀이를 앵무새와 함께!**

어린아이들도 좋아하는 '까꿍 놀이'를 앵무새와 함께 해보자. 앵무새를 손이나 횟대에 올리고 손바닥으로 사육자와 앵무새의 시선을 차단한 다음 "○○ 없다~"라고 말한다. 이어 "까꿍"이라고 말하면서 손을 내리고 얼굴을 보여준다.

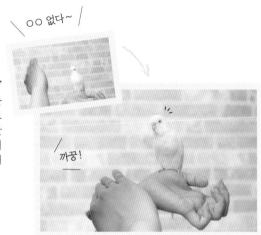

○○ 없다~

까꿍!

▷ ▷ ▶ **노래와 동작으로 즐거운 기분을 공유**

사육자의 노래와 손가락의 움직임에 맞춰 머리를 흔들거나 춤을 추는 놀이. 앵무새마다 다양한 춤을 춘다.

이것도 추천!

함께 만세!

사육자가 "만세!"라고 하면서 양손을 올리면 앵무새도 함께 날개를 펼치는 놀이. 소리와 동작을 공유할 수 있다.

말과 노래를 가르치자

말하지 않는 앵무새도 있다?

다른 반려동물에는 없는 앵무새의 큰 특징 중 하나를 꼽으라면 바로 '말을 한다'는 점이다. 회색앵무 등 대형 앵무새 중에는 상황에 맞는 말을 선택해 마치 대화하듯 유창하게 말하는 새도 있다.

하지만 모든 앵무새가 말을 하는 것은 아니다. 물론, 성별과 품종에 따라 말을 아주 잘하기도 못하기도 하는데 새마다 큰 차이가 있다. 그러니 무리해서 가르치려 하지 말고 의사소통의 한 방법으로 즐겁게 도전해보자.

덧붙이자면, 앵무새에게 사람의 말을 하게 하는 대신 사육자가 '앵무새의 말'을 해도 의사소통은 가능하다.

가르치기 전에 앵무새와 친해지는 과정이 필요하다

앵무새가 말을 하는 이유는, 동료나 파트너(사육자)와의 의사소통을 위해 동일한 소리를 내려는 습성 때문이다. 따라서 먹이로 유인해 가르친다고 해서 큰 효과를 얻을 수 없다. '기술'로 가르치는 방법은 효과가 없는 것이다. 앵무새가 '말하고 싶다'라고 느낄 만한 대상이 되는 것이 언어 습득에 있어 가장 중요하다.

같이 놀아요♪

말과 노래를 가르치는 방법

말을 배우는 속도는 새마다 다르다.
여유를 가지고 즐겁게 가르쳐보자.

▷▷▶ 모델 라이벌 방법을 활용하자

모델 라이벌(69쪽) 방법에는 앵무새에게 사랑받는 사육자와 조수 역할이 필요하다. 조수가 올바른 말을 하면 사육자는 조수에게 보상을 준다. 이렇게 조수(라이벌)가 칭찬받는 모습을 보여주며 경쟁심을 부추긴다.

주...

주세요

'해봐'에 주의하자

"다녀왔습니다 해봐!" "안녕하세요 해봐!"라고 말하는 앵무새가 있다. 이것은 사육자가 가르칠 때 "안녕하세요 해봐"라고 말하기 때문이다. 말을 가르칠 때는 오롯이 말해야 할 문장만 가르치도록 하자.

좋은 아침
해봐!

▷▷▶ 말을 상황과 연관 지어 가르치자

아침에 일어나면 '좋은 아침', 집에 돌아오면 '어서 오세요' 등 상황에 맞는 말을 가르쳐보자. 예컨대 '어서 오세요'를 가르치고 싶다면 귀가 직후 앵무새에게 "다녀왔어"가 아닌 "어서 오세요"라고 말한다. 이것을 매일 반복해야 한다.

어서 오세요

▷▷▶ 감정을 담아 대화하자

말은 음성이 아니라 의사소통 수단이다. 그러므로 CD 음성이나 마음이 담기지 않은 말에는 앵무새가 아무런 반응을 하지 않는다. 감정을 담아 앵무새에게 말을 건네보자.

> **P O I N T**
> 앵무새가 욕이나 '아얏' 등의 말을 잘 배우는 것도 감정이 담겨 있기 때문이다. 말할 때는 주의하도록 하자.

▷▷▶ 말을 해야 할 필요성을 만들자

직접적인 스킨십을 할 때는 말을 할 필요가 없다. 새장에서 떨어진 장소에서 말을 걸어 앵무새에게서 '말을 건네고 싶다'라는 동기를 끌어내자.

사교적인 앵무새로 키우려면?

앵무새에게도 사교성이 필요한 순간이 있다

앵무새의 세세는 동료와 피트너의 관계로 이루어져 있고, 다른 반려동물처럼 산책할 필요가 없으니 '앵무새가 군이 사교적일 필요가 있을까?'라고 생각하는 사람도 있을 것이다. 하지만 병원에 갈 때 등 앵무새를 데리고 외출해야 하는 순간이 언젠가는 찾아오기 마련이다. 그때 가족 이외의 사람을 접하거나 밖에 나가본 경험이 없으면 앵무새는 매우 큰 스트레스를 받게 된다.

한편, 사육자와 단 둘이서만 지내는 환경은 집착 상태(57쪽)를 초래할 수 있다. 앵무새가 한 사람에게만 집착하면, 파트너로 인식하는 사람 이외의 사람은 앵무새를 아예 돌볼 수 없거나 공격 대상이 되기도 한다.

이러한 문제를 해소하려면 앵무새에게 어느 정도 사교성을 키워줄 필요가 있다. 먼저 사육자 이외의 제3자 따르기 방법을 가르치자. 그 다음, 다른 환경에 대한 거부감 완화하기까지 도전해보자. 이를 위해 109쪽에서 소개하는 두 가지 방법을 익혀야 한다.

나의 세계를
넓혀요♪

사교성 훈련 때 하면 안 되는 행동들 ✕

Case 1

사람의 상황에 맞춰 스케줄 짜기

훈련하는 날이더라도 당일 날씨나 앵무새의 컨디션이 나쁘면 중지하자.

Case 2

앵무새에게 지나치게 맞춰주는 행동

그렇다고 앵무새에게만 너무 맞춰주는 것도 좋지 않다. 손님이 방문했거나 외출 중이라 다소 신경이 날카로울 때도 컨디션에 문제가 없으면 계속해도 좋다.

그다지 컨디션이
좋지 않아요

지금이 좋아요

방법 1 집으로 사람을 초대하자

집착 상태와 낯가림을 해소하는 방법 중 하나는 사육자의 공간(집)에 제3자를 초대하는 것이다. 처음에는 한 사람, 특히 사육자와 동성인 사람을 초대하면 큰 거부감 없이 성공할 수 있다.

어서 와요

> **POINT**
> 첫 손님은 앵무새를 대하는 데 익숙한 사람이 적절하다. 손님에게 앵무새의 낯가림을 고치려고 한다는 점을 사전에 알려주자.

1 처음에는 멀리서 지켜본다

앵무새가 손님에게 공포를 느낀다면, 바로 다가가지 말고 멀리서 지켜보자. 사육자와 손님이 사이 좋게 대화를 나누면 공포심은 조금씩 누그러진다.

2 간식을 주게 한다

앵무새가 안정된 모습을 보이면 손님에게 간식을 주게 한다. 이때 사육자는 옆에서 부드러운 목소리로 말을 걸어준다.

방법 2 함께 외출해보자

갑작스런 장시간의 외출은 앵무새에게 부담이 되므로 처음에는 집 근처를 산책하는 정도로 한다. 이동장은 잘 잠겼는지 확인하고 만에 하나 이동장 밖으로 앵무새가 달아나는 일이 없도록 주의를 기울인다.

교통수단을 이용할 때는

이사나 병원 진료 등 차로 이동하는 외출이 필요할 때를 대비해 사전에 앵무새에게 차를 익히게 하자. 운전 중에는 이동장에 있게 하고 절대로 밖으로 꺼내지 않는다. 전철을 타고 이동할 때도 이동장을 이용한다. 천으로 완전히 가린 뒤 일부만 열어 두는 등 앵무새가 가장 안정감을 느낄 수 있는 방법을 이용하자.

규칙을 지켜주세요

앵무새의 속마음은 이렇다

사육자들은 앵무새의 몸짓이나 행동을 보고 '화가 났구나'
혹은 '기분이 좋구나'라고 앵무새의 감정을 짐작한다. 그런데 그것이 정말 맞는 걸까?
앵무새는 사육자가 상상도 하지 못할 마음을 표현하고 있는 것은 아닐까?

오해하지 말자!
앵무새가 정말로 좋아하는 걸까?

박수를 치거나 큰 소리로 칭찬하는 등 사람이
사람을 칭찬할 때의 행동을 앵무새에게 했을
때, 사람과 달리 앵무새는 칭찬받았다고 느끼
지 못할 수 있다. 아니 오히려 사육자의 행동
에 공포나 분노를 느낄 수 있다. 인간의 시선
이 아닌 앵무새의 관점에서 바라봐야 한다.

사실은 무서워요!

· 손짓
· 박수

속마음 눈앞에서 손을 흔들거나
큰 소리를 내면 깜짝 놀
라거나 무서워요. 동작을
천천히 해주세요.

집중이 안 돼요!

· 열심히 응원하기

속마음 놀고 있을 때 너무 많은 말
을 하면 '도대체, 무슨 말을
하고 싶은 거야?' 하고 집
중이 흐트러져요.

· 눈앞에서 장난감 흔들기

속마음

처음 보는 장난감은 안 그래도 무서운데, 그것
을 눈앞에서 흔들기까지 하면 너무 무서워요.

> **POINT**
> 말이나 신호는 간단하게, 횟수는 적게!
> 훈련을 완벽하게 성공했을 때 등 타이밍에 맞춰
> 응원하자.

· 저음으로 야단치기

○○야!
○○야!
○○야!!

속마음 목소리를 낮춰 주의를 주려는 생각이라면 유감스럽게도 우리 앵무새에게는 통하지 않아요. 낮은 소리를 흉내 내며 놀려고 할 거예요.

무슨 일이지?

· 깃털을 세우고 숨을 깊이 내쉰다

뭐예요?

속마음 이것은 앵무새끼리 싸울 때 보내는 신호예요. 극도로 화난 상태죠. 따라서 사육자들 사이에서 '앵무새가 물면 앵무새 얼굴에 입김을 불어라'라는 대처법은 안 좋은 방법이에요. 앵무새에게는 결투 신청의 의미랍니다.

· 얼굴의 깃털을 세운다

속마음 얼굴 주변의 깃털을 부풀리면 화가 났다는 신호예요. 하지만 그렇지 않을 때도 있으니 앵무새의 표정을 잘 살피면서 판단해주세요.

실제로는 싫어하고 있을지도?

· 깃털이 거꾸로 서는 경우

화날 때도 깃털을 세워요

속마음 왕관앵무의 우관이라면 이해하기 쉬울 거예요. 놀랐을 때나 흥미 있는 대상을 찾았을 때, 머리의 깃털을 세워요. 하지만 화가 나서 세울 때도 있어요.

111

심한 공격이 실제는 만족의 표현일 수도

앵무새가 장난감을 심하게 공격하는 것을 보고, '싫어하나 보다'라고 판단해서 치우는 사육자들이 있다. 하지만 실제로는 앵무새가 아주 좋아하는 장난감일 수도 있다. 앵무새는 흥미를 느끼지 않는 대상은 거들떠보지도 않는다는 사실을 알아두자.

좋다는 건데…

· 새장의 장난감 심하게 흔들기

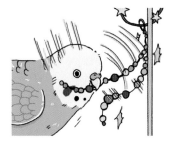

속마음 철컥철컥 큰 소리는 나지만, 재미있을 뿐 아니라 에너지 발산에도 도움이 돼요. 장난감을 공격하는 것처럼 보이지만 사실은 에너지를 발산하고 있는 거예요.

· 물건 떨어뜨리기

속마음 물건을 떨어뜨리면 사육자가 주워주죠. '물건을 떨어뜨린다 → 사육자가 주워준다 → 또 떨어뜨린다'라는 식으로 놀고 있는 거랍니다.

· 날개 들썩들썩하기

속마음 날개나 겨드랑이가 가려워서 하는 행동이 아니에요! 기분이 무척 좋을 때, 날개를 푸드득거려요. 날개를 들썩거린다면 충분히 놀아주세요.

> **POINT**
> 날개를 들썩들썩할 때는 휘파람을 불거나 손에 올려 위아래로 움직여주면 앵무새가 더욱 좋아한다.

· 횟대를 좌우로 졸졸 왔다
  갔다 하기

 속마음
놀아달라고 맹렬히 호소하고 있는 거예요.
놀고 싶어 몸이 근질근질해 가만히 있을
수가 없어요.

여기,
긁어주세요

· 고개 갸우뚱하기

속마음
'왜?' 하고 무언가가 궁금한
게 아니에요. 흥미진진할
때 보이는 행동이랍니다.
어떤 물건이 보이거나 소리
가 들리는데 그것이 무엇인
지 알 수 없을 때 잘 보거나
듣고 싶어 각도를 바꾸는
거예요.

속마음

· 중얼중얼하기

휴식을 취할 때, 혼잣말
하듯 중얼거려요.

· 머리를 상하로
  흔들기

흥분이 최고조에 달했을
때예요.

· 몸통 흔들기

기분이 좋아 춤을 추고
있는 거예요.

· 고개 숙이기

속마음
머리를 긁어주길 바랄 때나, 머리를
쓰다듬어주어 기분이 좋을 때 하는 행
동이에요. 언제 쓰다듬어주어야 할지
잘 모르겠다면 이 신호를 기준으로 하
세요.

오해하기 쉬워요

까꺄~
즐거워요~♪

· 날개 푸드덕거리기

속마음
흔히 '그만해요!'라는 거
절의 의미로 오해하지만,
꼭 그렇지는 않아요. '사
육자에게 날아가고 싶어
요!'라는 표현일 수도 있
어요.

· 큰 소리로 울기

속마음
불쾌감과 경계심에서 큰
소리로 울 때도 있지만,
즐겁고 흥분이 최고조에
달했을 때 큰 소리로 울
기도 해요.

앵무새의 진짜 기분을 다 안다고 생각하지 말자

물론 앵무새에게도 '만족'과 '불만' 이외의 기분이 있다. 하지만 앵무새가 어떤 행동을 했을 때 어떤 기분인지 단정적으로 말할 수 없는 경우도 있다. 이럴 때는 주로 사육자의 경험에 기초하여 판단하는데, 무엇보다 앵무새의 기분을 이해하려는 태도가 중요하다.

그때그때 기분이 달라요

· 사육자 상대로 털 고르기

속마음

사육자와 사이가 좋아서 스킨십으로도 하지만 사육자의 반응이 재미있거나 자신을 상대해주길 원할 때도 해요.

· 머리카락 속으로 파고들기

속마음

모란앵무에게서 많이 보이는 행동이에요. 단순히 머리카락의 촉감을 즐기는 것일 수 있지만, 놀고 싶을 때도 이런 행동을 한답니다. 발정이 올 수 있으니 잘 관찰해주세요.

· 옷 잡아당기기

속마음

'저 좀 봐주세요'라는 호소일 수도 있지만 단순히 놀고 있는 것일 수 있어요. 천 놀잇감을 좋아하는 앵무새라면 옷을 좋아하는 경우가 많아요.

· 꽁지 깃털 펼치기

속마음 몸을 크게 보임으로써 자신이 강하다고 어필하려는 경우도 있지만, 단순히 놀란 것일 수도 있어요.

· 사람의 어깨나 머리 위로 올라가기

속마음 팔에 오르는 것보다 안정감이 있기 때문이에요. 앵무새는 사람에게 흥미가 있을 때 가능한 한 가까이 있고 싶어 해요. '가까이 있고 싶어요. 하지만 저를 만지는 것은 싫어요.' 그런 딜레마 때문에 팔이 아닌 어깨나 머리 위로 오르는 거랍니다.

종료 신호예요

· 꽁지 깃털 가볍게 흔들기

속마음 즐겁게 놀다가 슬슬 끝내고 싶어질 때 꽁지 깃털을 가볍게 흔들어요. 정말로 싫증이 나면 물기도 하므로 그 전에 끝내주세요.

시작의 신호는?

· 기지개 켜기

속마음 한쪽 다리를 들어올리고, 깃털을 세우고 양쪽 날개를 올리는 등의 행동은 '지금부터 놀아요!'라는 신호로 스트레칭을 하는 거예요. 놀고 싶은 의욕을 보이는 것이니 기회를 놓치지 말아주세요!

춥다, 덥다, 졸리다 등의 신호는 알기 쉽다

여기서 소개하는 앵무새의 행동은 상황에 따라 의미가 크게 달라지지 않는다. 해당되는 행동을 보이면 적절히 대응하도록 하자.
추위나 더위는 건강 관리와 직결되므로 간과하지 않도록 주의한다.

기온이나 본능과 관련된 행동

· 깃털을 펼친다=덥다

속마음

앵무새는 신체 구조상 땀을 흘리지 않기 때문에 깃털을 펼쳐 열을 내보내려고 해요. 실내 온도가 높으니 적당한 온도로 조절해주세요.

· 깃털을 부풀린다
=춥다

속마음

추울 때 하는 행동이에요. 추우면 몸의 깃털을 부풀리거나 등에 얼굴을 묻고 잠자기도 해요. 실내 온도를 확인해주세요. 통증을 견딜 때도 비슷한 행동을 보이므로 보온을 해도 계속해서 몸을 부풀리면 의심해보세요.

• 먹은 것을 토한다

속마음

파트너나 사육자에게 음식을 토해내 보이는 것은 발정 행동이에요. 다만, 머리를 좌우로 흔들며 먹이를 흩뿌릴 때는 컨디션이 나쁘다는 신호이므로 병원에 데려가야 해요!

· 부리를 간다

속마음

졸릴 때 부리를 갈며 소리를 내요. 말을 걸지 말고 잠잘 수 있게 해주세요.

뽀드득

반려 앵무새가 잠자는 모습

야생에서는 위험한 일이 언제 일어날지 모르니 앵무새가 누워서 자는 경우는 없다. 반려조가 배를 보이고 잘 때는 사육자를 전폭적으로 신뢰하고 있다는 증거다. 단, 모든 새가 이렇게 행동하는 것은 아니므로 누워서 자지 않는다고 신뢰하지 않는다는 생각은 하지 말자.

PART
3

앵무새의 건강하고
행복한 생활

앵무새의 건강을 유지하려면…

마음의 건강이 몸의 건강으로 이어진다

앵무새가 병에 걸리는 원인으로 '스트레스'와 '운동 부족'을 꼽을 수 있다. 원래 야생의 앵무새는 자유롭게 날아다니며 사는 동물이다. 하루의 대부분을 새장 안에서 보내는 반려 앵무새는 스트레스나 운동 부족을 겪기 쉽다.

스트레스는 스스로 날개를 뽑는 '깃털 뽑기'나 '피부 쪼기' 등 자해의 원인이 되기도 한다. 이러한 행동으로 스트레스를 해소하려는 것이다. 새장 밖에서 보내는 시간이나 함께 보내는 시간을 조금이라도 늘리면 앵무새의 스트레스를 줄일 수 있다.

한편, 운동 부족으로 혈류 저하나 산소 결핍이 생기면 앵무새의 건강에 문제가 생길 수 있다. 야생 앵무새는 먹이를 찾을 때나 스트레스를 해소하기 위해 비행하며 충분한 운동량을 확보한다. 한편, 사육 환경에 있는 앵무새는 먹이가 보장되므로 스트레스가 해소되면 날기를 그만둔다. 이 경우 평소 먹이를 너무 많이 주지 말고, 새장 밖에서 노는 시간에 먹이 활동(84쪽)을 하게 하면 필요한 운동량을 확보할 수 있다.

윙클리핑을
꼭 해야 할까?

비만이나 스트레스의 원인이
되기도

윙클리핑(윙컷)은 앵무새가 날지 못하도록 날개 끝을 자르는 것을 의미하는데, 앵무새의 운동 부족이나 욕구 불만을 가져올 수 있다. 새로운 날개가 자라더라도 비행이 부자연스러울 수 있다. 하지만 앵무새가 집 밖으로 나갈 경우, 안전에 심각한 문제가 생기므로 윙클리핑이 불가피하다는 의견도 있다.

\ 스트레스는 싫어요! /

사육자의 웃는 얼굴이 중요

야생 앵무새는 동료와 함께 무리 지어 생활한다. 무리 속에서 정보 수집이나 정보 교환, 경계나 연락 등을 하며 서로의 몸을 보호한다. 그래서 동료들에 생긴 이변, 특히 '불안'에 민감하게 반응한다. 앵무새에게 '불안'은 적의 습격 등 생명과 관련된 중요한 감정이기 때문이다. 이렇게 앵무새는 상대의 표정이나 행동에서 '비언어적 감정'을 감지한다.

사육 환경에서 앵무새는 사육자의 정신적인 면에 많은 영향을 받는다. 예컨대, 사육자가 슬픔이나 불안을 느끼면 앵무새도 그것을 공감한다. 하지만 사육자가 왜 불안한지 그 이유까지는 알지 못한다.

앵무새는 기쁨, 불안, 분노, 공포 등 돌발적이고 일시적인 감정들은 비교적 잘 읽지만, 그것이 지속되는 경우에는 감지하기가 어렵다. 때문에 사육자가 막연한 불안에 빠져 있다면, 이는 앵무새에게도 큰 스트레스로 작용한다.예컨대 사육자도 앵무새의 컨디션이 좋지 않으면 "괜찮아?"라고 말을 걸지 않는가? 사육자도 사람이니 불안해하는 것은 당연하다. 하지만 사육자가 불안해하면 앵무새에게 불안감이 전해져 컨디션이 쉽게 회복되지 않는다. "괜찮아?"가 아니라 "괜찮아~"라고 여유를 가지고 대해서 앵무새가 안심하게 해주자.

앵무새가 건강하고 오래 살게 하려면 사육자가 먼저 활기찬 생활을 해야 한다. 사육자가 항상 웃는 얼굴이면 앵무새의 표정도 밝아질 것이다.

▎앵무새를 건강하게 키우는 네 가지 포인트 ▎

1 앵무새에게 집착하지 않는다

간섭과 집착이 지나치면 앵무새의 자립심을 방해한다. 또한 사육자가 집을 비웠을 때 큰 불안감을 느끼기도 한다.

2 다른 사람과 적절한 관계를 형성한다

사육자뿐 아니라 무리하지 않는 범위 내에서 가족 이외의 사람과 접촉하게 하여 다른 사람과 친해지도록 하자.

3 혼자서도 살 수 있게 키운다

사육자가 '이 아이는 내가 없어도 괜찮아'라고 생각할 정도로 앵무새가 자율적으로 생활하는 것이 가장 좋다.

4 앵무새의 운동량을 확보한다

운동량을 늘리면 몸에 좋은 호르몬이 분비되어 앵무새가 활기찬 생활을 할 수 있다.

앵무새 모이의 종류

건강 유지에는 올바른 식사 관리가 필요하다
사육 환경의 앵무새는 사육지기 주는 먹이로만 영양을 섭취한다. 씨앗을 좋아하는 앵무새가 많은 반면, 균형 잡힌 영양 섭취가 가능한 펠렛은 좋아하는 새는 그다지 많지 않다. 때문에 사육자가 영양 균형을 고려해 먹이를 주지 않으면 영양이 편중되거나 영양 부족 현상이 생길 수도 있다. 이런 이유로 질병에 걸리는 앵무새가 적지 않다. 앵무새에게 필요한 영양에 대해 충분이 이해하여 사랑하는 앵무새의 건강을 지켜주자.

◎ 주식

· 씨앗
· 펠렛

씨앗은 야생에서 먹는 먹이에 가깝고, 펠렛은 필요한 영양을 고루 함유하고 있다. 우리 집 앵무새에게 맞는 것을 선택하자.

◎ 부식

· 녹황색 채소
· 들풀
· 칼슘 사료

주식에서 얻을 수 없는 영양을 보충한다. 채소나 칼슘 사료 등 부족한 영양을 고려하여 먹이자.

◎ 간식

· 시판 간식
· 과일

보상이나 의사소통 수단으로 적절히 활용하자. 너무 많이 주면 비만의 원인이 되므로 주의한다.

영양을 맞춰주세요

앵무새의 식성

곡식

곡물이나 씨앗을 주식으로 한다. 부식으로는 채소류를 준다.

· 사랑앵무, 왕관앵무 등

이런 것들을 좋아해요

꿀

꽃가루나 꿀을 주식으로 한다. 부식으로는 채소나 과일을 소량만 주는 것이 좋다.

· 오색청해, 블랙캡 로리 등

잡식

식물이나 곤충을 주식으로 한다. 부식으로는 채소나 과일을, 벌레는 시판 밀웜을 추천한다.

· 추초앵무 등

과일

과일과 씨앗, 열매 등을 주식으로 한다. 과일은 당도가 높으므로 부식으로 소량만 주도록 하자.

· 뉴기니아 앵무 등

먹이의 기본

▷ 횟수

기본은 하루 한 번!

하루 한 번 정해진 시간에 준다. 아침에 주었다면 저녁에 먹이를 얼마나 먹었는지 확인한다.

▷ 양

매일 몸무게를 잰다

적절한 식사량은 새의 품종, 몸무게, 털갈이 시기에 따라 다르므로 수의사와 상담한다. 매일 몸무게를 재고 살이 찌지 않았는지 확인하자.

비만은 안 돼요

P O I N T
비만이 걱정될 경우에는 수의사와 상담하여 정해진 양을 하루 두세 번에 나눠 주면 좋다.

주식 씨앗

식물의 씨앗으로, 앵무새의 가장 일반적인 주식이다. 여러 종류가 섞인 혼합 씨앗을 추천한다. 부족한 영양은 부식 등으로 보충하자.

씨앗을 줄 때는…

▷ ▷ ▶ 껍질을 벗기지 않은 것으로 선택

씨앗에는 껍질을 벗기지 않은 타입과 껍질을 벗긴 타입이 있다. 껍질을 벗긴 경우, 빨리 상하여 시간이 지나면서 영양가가 떨어진다. 그러므로 건강한 성조에게는 껍질을 벗기지 않은 씨앗을 주는 것이 좋다.

▷ ▷ ▶ 보관에 신경 쓰자

씨앗은 습기와 벌레에 약하므로 밀폐 용기에 넣어 어둡고 서늘한 곳에 보관하고 상하지 않았는지 매일 확인하자.

껍질을 벗기지 않은 것

껍질을 벗긴 것

◎ 씨앗의 종류

카나리 시드

단백질이 많고, 새들이 좋아한다. 너무 많이 먹으면 비만의 원인이 되므로 주의하자.

혼합 씨앗
조, 피, 기장 등을 혼합한 것. 새의 품종 등에 따라 종류가 다양하다.

조
저칼로리 씨앗으로 탄수화물과 단백질, 칼슘, 비타민 B1을 많이 함유하고 있다.

귀리
단백질과 칼슘이 풍부하다. 지방이 많으므로 너무 많이 먹지 않도록 주의하자.

피
칼슘을 많이 함유하고 있다. 저칼로리이므로 조금 많이 주어도 괜찮다.

지방이 적고 단백질과 칼슘이 많다. 간식으로 추천한다.
메밀

기장
저칼로리 씨앗으로 탄수화물을 많이 함유하고 있다. 지방과 칼슘은 조금 적은 편이다.

주식 펠렛

펠렛은 앵무새에게 필요한 영양소가 고르게 함유되어 있는 종합 영양식이다. 펠렛을 먹이면 부식은 따로 필요 없다. 다만, 펠렛이 입맛에 맞지 않는 새도 있다.

펠렛을 줄 때는…

▷▷▶ **여러 종류를 줘보자**

펠렛의 대부분은 해외 수입품이어서 재고가 없거나 사정이 생겨 구하지 못할 수 있다. 평소 다양한 펠렛을 알아두면 만일의 경우에도 안심할 수 있다.

▷▷▶ **펠렛의 양에 따라 보조 식품을 병용하자**

펠렛은 원래 영양 균형을 갖춘 먹이다. 하지만 펠렛이 먹이 전체량의 70% 이하인 경우는 보조 식품이나 부식 등으로 영양을 보충해주어야 한다. 먹이 전체량의 70% 이상인 경우는 보조 식품을 병용하면 영양 과잉이 되어 앵무새의 건강에 문제가 생길 수 있다. 앵무새의 영양이 걱정된다면 우선 수의사와 상담하자.

◎ 펠렛의 종류

컬러 타입 - - - - - - - - - -

컬러가 다양하고, 색마다 맛이나 모양이 다르기 때문에 앵무새들이 좋아한다. 단, 변에 색이 묻어날 수 있으므로 가끔씩만 주자.

내추럴 타입 - - - - - - - - -

색을 입히지 않아 변으로 건강을 확인할 수 있어 적극 추천한다. 크기별로 제품이 많으므로 앵무새에게 맞는 것을 선택하자.

식사 시간이다!

몸 상태별 타입 -

저지방식

비만 경향의 앵무새에게 추천한다. 수의사의 지도하에 적절한 양을 주도록 한다.

처방식

수의사의 지도하에 처방받은 요양식. 앵무새의 컨디션에 맞춰 필요한 영양을 섭취할 수 있다.

> **POINT**
> 씨앗을 주식으로 하면서 편식하는 경향이 있는 새는 영양이 부족할 수 있다. 이때는 펠렛으로 교체하는 것을 추천한다.
> ➡ 자세한 사항은 62쪽에

부식

씨앗이 주식인 경우, 부족한 영양을 부식으로 보충할 필요가 있다. 펠렛이 주식이라도 부식을 간식으로 주면 앵무새가 무척 좋아한다.

부식을 줄 때는…

▷▷▶ 줘도 괜찮은지 확인한다

사람이 먹는 음식 중에도 앵무새에게는 유해한 식품이 많다. 주기 전에 반드시 앵무새가 먹어도 괜찮은지 확인하고 나서 주도록 하자.

▷▷▶ 신선한 채소를 선택한다

채소는 신선한 것을 선택한다. 잘 씻어 물기를 완전히 제거하고 준다. 무농약 채소나 직접 키운 채소라면 앵무새가 먹어도 안심할 수 있다.

▷▷▶ 주는 양에 주의하자

새의 품종과 크기, 주식 등 다양한 상황에 따라 주는 부식이 달라진다. 적절한 양을 주지 않으면 비만이나 질병의 원인이 되므로 주의하자.

그 밖의 채소

호박 　　 오이 　　 당근

> **POINT**
> 다양하게 잘라서 주면 앵무새가 재미있어 한다. 수분이 많은 양배추나 시금치는 설사의 원인이 되므로 주의하자.

들풀

잘 씻어서 주도록 하자.

냉이

별꽃

토끼풀

푸른 잎 채소

비타민과 미네랄을 많이 함유하고 있다.

경수채

소송채

청경채

보조제

비타민제

씨앗으로 부족한 비타민을 보충하려면 종합 비타민제를 추천한다.

칼슘 사료

조개껍데기 가루　　오징어 뼈

굴 껍질을 잘게 부순 것이다. 물로 씻어 햇볕에 말려 건조한 다음 주도록 하자.

오징어의 뼈를 가공한 것. 소화에 좋으므로 위장 질환이 있는 새에게도 좋다.

간식

간식은 특별한 때 주도록 하자. 잘 활용하면 앵무새와의 의사소통을 강화할 뿐 아니라, 앵무새의 활력소가 된다.

간식이 좋아요 ♥

간식을 줄 때는…

▷ ▷ ▶ **의사소통 수단으로 활용하자**

간식은 앵무새와의 의사소통 수단으로 생각하자. 놀이 속에서 간식으로 보상을 받으면 사육사와 함께 노는 것이 좀 더 즐거워지고 유대감도 깊어진다.

▷ ▷ ▶ **비만에 주의할 것**

간식에는 고칼로리 식품이 많으므로 너무 많이 주지 않도록 주의한다. 가끔 주어야 특별하다는 느낌이 들어 앵무새도 기뻐한다.

과일

과일은 수분과 당분이 많으므로 이따금 간식으로 준다. 한 번에 조금씩만 주자.

오렌지

바나나

사과

※ 씨앗은 빼야 한다.

시판 간식

시판 제품에도 다양한 씨앗이 들어간 간식이 있다. 앵무새가 좋아하는 간식을 찾아보자.

건조 과일

조 이삭

뭉친 씨앗

주면 안 되는 음식   식품 중에는 앵무새가 먹으면 중독될 만한 것도 있다. 주면 안 되는 음식에 대해 파악해두자.

▷ 채소, 과일 - - - - - - - - - - - - - -

양파류

과일 씨앗

마늘

아보카도

몰로키아

▷ 가공식품 등 - - - - - - - - -

콩류

면류

밥, 빵

커피

초콜릿

케이크

NO!

125

새장을 꾸미자

앵무새가 살기 좋은 새장 꾸미는 법

앵무새가 하루의 대부분을 보내는 새장은 가족의 시선이 닿으면서 앵무새가 크게 스트레스를 받지 않는 장소에 두자. 야생 앵무새는 무리 지어 생활하기 때문에 동료와 함께 있는 시간을 매우 좋아한다. 반려 앵무새의 경우에도 가족이 자주 모이는 거실에 새장을 설치하는 것이 좋다.

새장의 높이는 서 있는 사람의 눈높이에 맞추는 것이 좋다. 모이통이나 물통은 앵무새가 사용하기 편한 위치에 놓고 장난감은 방해되지 않도록 가장자리 쪽에 설치하자. 자신의 앵무새가 좋아하는 배치를 연구해보자.

새장을 두면 안 되는 장소

▷ **사람의 출입이 잦고 소음이 심한 곳**
안정적으로 생활하지 못해 스트레스가 쌓인다.

▷ **불 옆이나 부엌 근처**
부엌은 불과 기름을 많이 다루므로 매우 위험한 장소다.

▷ **일교차가 큰 장소**
온도 차이는 앵무새에게 큰 적이다. 직사광선이 닿는 곳도 피하자.

▷ **인기척이 거의 없는 곳**
함께 생활하기를 좋아하는 앵무새는 혼자 있으면 불안감을 느낀다.

가족과 함께 지내고 싶어요 ♥

일반적인 새장 환경

온습도계

온습도계는 매우 중요하다. 언제든 확인 수 있도록 새장 바깥쪽에 설치하자.

채소통

새장에 걸어서 설치하는 타입이 편하다. 클립 등으로 부착해도 좋다.

장난감

장난감을 너무 많이 설치하면 앵무새가 답답해 할 수 있으므로 한두 개 정도만 놓는다.

온도 24℃ 습도 50% ONDO

INKO

모이통

먹기 쉬운 위치에 둔다. 모이통을 엎어버리는 앵무새라면 모이통을 새장에 고정하자.

횟대

앵무새가 쉴 수 있는 곳에 둔다. 횟대의 크기는 앵무새 발 크기에 맞는 것으로 선택한다.

물통

앵무새가 마시기 쉬운 위치에 설치하자. 조개껍데기 가루 등을 준비해도 좋다.

새장 청소 방법

청결한 환경으로 질병을 예방하자

새장 내부를 청결하게 유지하는 것은 앵무새의 건강 관리에 있어 매우 중요하다. 청소할 때 배설물과 먹이 섭취량을 확인하여 앵무새의 건강 상태를 파악하자. 또한 청결한 환경 조성은 피부병 등의 질병을 예방하는 효과도 있다.

매일 새장 전체를 청소하기란 쉽지 않다. 부분 부분 돌아가며 자주 청소하고 대청소는 월 1회 정도 하면서 새장 내부를 항상 청결하게 유지하자.

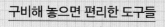

구비해 놓으면 편리한 도구들

▷ **손걸레**…새장 안을 닦아낼 때 사용한다.

▷ **칫솔**…철망 등 좁은 부분을 청소할 때 사용한다.

▷ **미니 빗자루 세트**…새장 주변 청소에 편리하다.

▷ **스펀지**…새장 닦을 것과 식기 닦을 것을 따로 준비한다.

▷ **주걱**…배변판 청소에 사용한다.

▷ **세제**…펫용 세제라면 더욱 좋다.

◎ 자주 청소해야 할 곳

식기 세척이나 새장 바닥의 시트 교환은 매일 한다. 배변판 청소나 식기 소독은 주 1회 정도면 충분하다.

• 배변판 청소
• 새장 바닥 청소·시트 교환
• 식기 세척·소독

◎ 월 1회 청소해야 할 곳

새장 전체 청소는 월 1회가 적당하다. 우선 앵무새를 이동장으로 옮긴다. 새장 부품을 분해하여 세척한 다음, 물기를 닦아 말린다. 다 말리고 조립하면 끝.

청결이 최고!

부드럽게
대해주세요

케어는 익숙해질 때까지 차근차근 익혀가자

앵무새 케어에 있어 매일 해야 하는 일은 없다. 다만 발톱이 너무 길게 자라지 않았는지 이따금 확인해야 한다. 사육자가 발톱을 자를 때는 앵무새가 움직이지 않도록 자세를 고정시켜야 한다. 병에 걸려 약을 먹일 때, 억지로라도 먹이를 먹여야 할 때도 마찬가지다. 앵무새는 무서운 경험을 한 번 하고 나면, 자세 고정에 두려움을 느끼게 된다. 무리하지 말고 천천히 케어 방법을 익히는 것이 중요하다.

올바른 앵무새 고정 방법

소형

한쪽 손으로 몸 전체를 감싸듯 둘째 손가락과 셋째 손가락 사이에 부드럽게 앵무새의 목을 살짝 끼운다. 다른 손가락에는 힘을 주지 않고 앵무새의 몸을 가볍게 감싼다. 목이 비틀리거나 가슴을 누르지 않도록 주의한다.

중형~대형

머리에서 다리까지 등 쪽에서 타월로 감싼다. 첫째, 둘째, 셋째 손가락으로 앵무새의 머리를 고정시키고 다른 쪽 손으로 몸을 지탱한다. 가슴 부분을 타월로 압박하지 않도록 주의한다.

◎ 발톱 깎기

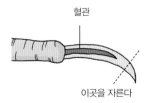

혈관

이곳을 자른다

길게 자란 발톱은 깎아주어야 한다. 피가 날 때는 솜에 소량의 지혈제를 묻혀 발톱 깎은 쪽을 5~10초 정도 눌러주면 피가 멈춘다. 발톱 깎기가 어려우면 동물병원이나 펫숍에 데려가 부탁하자.

지혈제

발톱 깎기

앵무새에게 알맞은 온도와 습도 관리법

쾌적한 온도와 습도를 유지하자

앵무새는 품종에 따라 쾌적함을 느끼는 온도와 습도가 다르다. 하지만 건강한 성조라면 많은 신경을 쓸 필요는 없다. 낮보다 밤이 춥다고 하여 밤에 온도를 높이면 오히려 잠자지 못하거나 발정 상태에 들어가기도 한다. 또한 일정 온도와 습도가 장시간 유지되는 환경은 앵무새의 발정과 털갈이를 지속시키는 원인이 된다. 어느 정도 계절의 변화를 느끼게 해주는 것이 바람직하다. 앵무새의 모습을 살피며 조절해주자.

◎ 이상적인 온도·습도

온도
- 유조, 중·장년조, 질병 중 → **26~32℃**
  가능하면 항상 따뜻한 환경을 만들어준다.

- 건강한 아성조, 성조 → **20~25℃**
  앵무새의 상태나 품종에 맞춰 조절하자.

습도
- **50~60%**
  항상 습도가 일정하게 유지되는 환경은 발정을 촉진할 우려가 있으므로 주의한다.

추위에
약해요

온도 · 습도 관리의 포인트

▷ ▷ ▷ **너무 따뜻하지 않게 주의하자**

앵무새는 필요 이상으로 따뜻하면 발정기라 착각하게 된다. 건강한 성조라면 어느 정도는 온도 변화에 적응할 수 있으므로 크게 걱정할 필요는 없다.

▷ ▷ ▷ **습도 관리에 주의하자**

성조의 경우, 항상 일정한 습도가 유지되면 산란과 발정이 촉진된다. 너무 건조하지 않은 정도로만 습도를 관리하자.

◎ 더운 계절

일사병에 주의하자

앵무새는 비교적 더위에 익숙하지만, 장시간 35℃가 넘는 환경에 놓이면 체온 조절이 불가능해져 일사병에 걸릴 수 있다. 더워할 경우, 실내 온도를 내리고 시원한 장소로 옮겨주자.

◎ 추운 계절

난방기로 온도를 조절하자

앵무새는 더운 지역이 서식지인 경우가 많기 때문에 추위에는 조금 민감하다. 추위가 계속되면 면역력이 저하되고 건강을 해칠 수 있다. 앵무새를 살피면서 난방기로 온도를 조절해주자.

더울 때 이런 모습은 위험!

▷ '하아하아' 하고 거칠게 호흡한다.

▷ 입을 반쯤 벌리고 있다.

▷ 날개를 겨드랑이에 붙이지 않고 들어 올린 상태에서 위아래로 움직인다.

추울 때 이런 모습은 위험!

▷ 온몸의 깃털을 세우고 몸을 부풀린다.

▷ 다리가 서늘하고 차다.

▷ 등 깃털에 얼굴을 파묻고 있다.

안전하게 새장 밖에서 노는 법

갑니다!

새장 밖으로 꺼내기 전에 확인하자

☐ 창과 문이 닫혀 있는가?
　앵무새가 도망가지 않도록 반드시 확인하자.

☐ 앵무새가 들어갈 만한 틈새는 없는가?
　틈새에 끼면 혼자 힘으로는 빠져나올 수 없다. 미리 틈새를 확인해두자.

☐ 잘못 삼킬 만한 작은 물건이 없는가?
　쪼는 것을 좋아하는 앵무새가 작은 물건을 쪼아서 삼키면 위험하다.

☐ 앵무새에게 위험한 물건들을 치웠는가?
　전기 코드나 다리미 등 사고로 이어질 위험물은 치우도록 하자.

새장 밖을 유대감을 높이는 공간으로 만들자

새장 밖에서 자유롭게 노는 시간은 사육자가 앵무새와의 신뢰 관계를 쌓을 소중한 기회다. 사육자가 TV를 보거나 휴대전화를 만지작거린다면 앵무새는 매우 슬퍼할 것이다. 이 시간을 사육자와 앵무새가 함께하는 시간으로 정하고 함께 놀며 신뢰 관계를 쌓도록 하자.

즐겁게 시간을 보내려면 새장 밖으로 앵무새를 꺼내기 전에 앵무새에게 위험한 요소가 없는지 확인해야 한다. 새장 밖에서 놀 때는 앵무새에게 줄곧 눈을 떼지 말아야 한다.

새장 밖에서 앵무새와 즐겁게 노는 방법

마음껏
놀아주세요♪

▷▷▶ 놀이 시간을 정한다

사육자가 앵무새에게 집중할 수 있는 시간대에서 매일 한 시간 정도 놀이 시간을 정하자. 이 시간만큼은 새장 밖에서 앵무새와 많이 놀아주자.

▷▷▶ 실내에 놀이터를 만들자

앵무새는 놀이를 좋아하므로 새장 밖에 놀 수 있는 공간을 만들면 좋다. 어떤 것을 좋아할지, 어떻게 놀아줄지를 생각하는 것도 사육자에게는 또 다른 즐거움이 될 수 있다.

▷▷▶ 다른 일과 놀이를 병행하지 말자

새장 밖은 앵무새에게 위험한 것이 가득하므로, 새장 밖에 나와 있는 동안은 앵무새에게서 눈을 떼지 않는다. 앵무새를 새장 밖에 내놓고 다른 일을 하면 앵무새에게 위험이 생겼을 때 바로 대응할 수 없다.

즐거운 놀이터 꾸미기

▷▷▶ 그네

직접 만든 그네에 종이나 마스코트를 달아 즐겁게 놀 수 있게 해보자. 앵무새는 소리가 나는 물건을 매우 좋아한다.

▷▷▶ 놀이터

빨래 건조대에 장난감들을 걸어놓자. 앵무새가 좋아하는 화려한 색깔의 물건을 매달면 좋다.

▷▷▶ 횟대

앵무새는 높은 곳을 좋아하므로 가능한 한 높은 위치에 횟대를 설치하는 것이 좋다.

안전한 빈집 지키기

빈집 지키기는 1박 2일까지만

'앵무새만 빈집에 남겨두어도 괜찮을까?'라고 걱정하는 사람이 많다. 앵무새는 환경 변화에 민감하기 때문에 오랜 시간 외출할 경우 스트레스를 받을 수 있다. 건강 상태에 문제가 없고 사전에 완벽하게 준비한다면 1박 2일 정도는 빈집 지키기가 가능하다. 장기간 집을 비울 때는 신뢰할 수 있는 지인이나 단골 동물병원에 맡기도록 하자. 처음부터 장기간 맡기게 되면 갑작스런 환경 변화에 건강이 나빠질 수 있다. 우선 짧은 시간부터 익숙해지도록 하면서 상태를 살펴보자.

◎ 빈집을 지킬 수 있는 조건

1
건강한 성조

유조나 고령조, 아프거나 병을 앓고 난 뒤의 앵무새는 갑자기 빈집에 두면 건강에 문제가 생길 수 있다. 반드시 지인에게 맡기도록 하자.

2
1박 이내

단단히 준비해도 갑자기 정전이 발생하는 등 비상상황이 생길 수 있다. 2박 이상 집을 비우는 것은 삼가도록 하자.

3
방의 온도·습도를 유지

에어컨 등으로 실내 온도를 유지하는 것이 필수다. 일교차가 심한 여름이나 겨울은 피하도록 하자.

여건이 안 될 때는…

▷▷▶ **동물병원에 맡긴다**

아프거나 병을 앓고 난 지 얼마 되지 않아 건강 상태가 불안한 앵무새의 경우, 단골 동물병원에 맡기는 것이 좋다. 항상 수의사나 간호사가 보살피며 갑작스런 컨디션 변화에 대응할 수 있으므로 안심할 수 있다.

▷▷▶ **신뢰할 수 있는 사람에게 맡긴다**

앵무새 케어에 익숙한 사람이나 앵무새와 낯을 익힌 사람이라면 맡겨도 좋다. 앵무새 케어에 익숙하지 않은 사람의 경우, 앵무새가 달아나는 등 사고가 생길 수 있다.

▷▷▶ **반려동물 호텔에 맡긴다**

앵무새가 이용할 수 있는 반려동물 호텔에 맡기는 방법도 있다. 사전에 앵무새 케어가 가능한 곳인지 알아두는 것이 좋다. 동물병원과 제휴 중인 숍이라면 더욱 안심이다.

집을 비우기 전에 확인해야 할 것

준비하세요!

· 냉난방기를 켠다

계절에 따라 갑자기 추워지거나 더워질 수 있다. 사전에 히터나 에어컨을 설정하여 앵무새가 쾌적한 환경에서 지낼 수 있게 해준다.

· 배변망은 떼어낸다

모이가 새장 바닥에 떨어지면 앵무새가 먹을 수 없으므로 배변망은 떼어내도록 한다.

· 새장 덮개를 벗긴다

가족이 없는 상황에서 캄캄한 환경에 놓이면 앵무새는 불안하여 패닉 상태에 빠질 수 있다. 덮개 벗기는 것을 잊지 말자.

· 새장 두는 장소를 고려한다

집을 비우는 동안, 새장 전체에 햇빛이 드는 환경은 좋지 않다. 골판지 등을 이용해 그늘이 지는 부분을 만들자.

· 모이는 넉넉히 준비한다

앵무새는 반나절만 먹지 않아도 목숨이 위험할 수 있다. 모이를 가득 주도록 하고, 모이통을 엎어도 괜찮도록 여러 개의 모이통을 준비한다.

앵무새가 지루하지 않게 빈집을 지키게 하는 방법

Raise your
◎4/13
2:09 CD

1 평소 환경을 만들어주자

평소와 다른 상황을 불안해하는 새도 있다. 평소 음악을 즐겨 듣는 환경이라면 음악을 틀어 놓으면 좋다.

2 새장 안에 장난감을 두자

앵무새가 지루해지지 않도록 새장 안에서 놀 수 있는 장난감을 준비한다. 평소 즐겨 노는 장난감이 좋겠다.

3 창밖이 적당히 보이게 한다

직사광선을 피해 앵무새의 의지로 밖을 볼 수 있는 위치가 가장 좋다. 평소에 익숙해지도록 하자.

일광욕과 물놀이로 기분 전환하기

일광욕

일광욕으로 건강 유지와 기분 전환을

일광욕은 식물성 음식으로는 섭취할 수 없는 비타민D3를 체내에서 생성시키는 역할을 한다. 또한 밖의 공기를 느끼거나 경치를 보면 스트레스를 발산하는 효과도 얻을 수 있다. 앵무새의 컨디션이 좋고 바깥 보기를 싫어하지 않을 때 매일 30분 정도 일광욕 시간을 갖자.

일광욕을 시킬 때의 포인트

▷ **앵무새를 지켜보면서 일광욕을 하자**
베란다나 정원에서 일광욕을 할 경우 앵무새의 모습을 면밀히 관찰하자.

▷ **직사광선에 너무 노출되지 않도록 주의한다**
새장에 직사광선이 닿을 경우 일사병에 걸릴 수 있으므로 주의한다.

▷ **유리문을 연다**
유리가 자외선을 차단하기 때문에 창문을 열고 방충망을 친 상태에서 시도하도록 하자.

▷ **주변을 지켜본다**
밖에서 일광욕을 하면 앵무새가 외부의 적에게 표적이 될 수 있다. 반드시 옆에서 지켜보도록 하자.

따뜻해서 기분이 좋아요

목욕

목욕으로 몸과 마음을 재충전

목욕은 몸의 이물질을 제거하고 에너지를 발산시켜 스트레스를 해소시키는 효과가 있다. 앵무새마다 좋아하는 목욕 방법이 다르다. 수도꼭지에서 나오는 물로 목욕하는 새도 있고, 그릇에 물을 받아주면 그 물에 들어가 목욕하는 새도 있다. 자신의 앵무새가 좋아하는 방법으로 자유롭게 목욕하도록 해주자. 한편, 목욕에 서툰 새라면 사육자가 일주일에 한 번 정도 분무기로 물을 뿌려주는 것도 좋다. 무리하게 목욕을 시키면 오히려 스트레스가 되므로 주의하자.

목욕을 시킬 때의 포인트

▷ 상온의 물을 사용하고 따뜻한 물은 절대 사용해서는 안 된다
따뜻한 물은 깃털을 덮고 있는 피지를 씻어내기 때문에 깃털의 방수와 보온 효과를 떨어뜨려 위험하다.

▷ 앵무새의 기호에 맞춰 목욕 횟수를 조정한다
매일 해야 하는 것은 아니므로 컨디션을 보며 목욕을 시킨다.

▷ 무리해서 목욕시키지 않는다
목욕을 꺼리는 새라면 무리해서까지 목욕을 시킬 필요는 없다.

그럼, 목욕해보겠습니다!

목욕을 좋아하지 않는 새에게는…

▷▷▷ 분무기를 이용해 물에 친숙해지도록 하자

목욕을 좋아하지 않는 새는 무리하게 목욕시키려 하지 말고 사육자가 분무기로 물을 뿌려 물과 친해지게 하는 것이 좋다. 공중을 향해 분무기로 물을 뿌려 미세한 안개 상태의 물이 앵무새의 몸에 떨어지게 하자.

새로운 앵무새를 맞을 때는

앵무새가 정말로 행복할지를 생각하자

야생의 앵무새는 무리 지어 생활하지만, 사육자와 유대가 깊은 반려 앵무새는 새로운 새를 '적'으로 보고 잘 받아들이지 못할 수 있다. 복수 사육의 장점과 단점을 알아보자.

• 장점: 혼자 있기를 힘들어하는 앵무새에게 사육자의 부재는 불안감을 준다. 다른 앵무새가 있다면 조금은 안정감을 얻을 수 있다.

• 단점: 두 마리의 사이가 좋은 경우, 사육자는 단순한 케어 담당이 될 수 있다. 즉, 앵무새와 즐거운 시간을 보내고 싶은 사육자에게는 추천하지 않는다. 한편, 기존의 앵무새가 사육자의 사랑을 빼앗기고 싶지 않아 새로운 새에게 공격성을 보이기도 한다. 시간이 지나면 친해지기도 하지만 최악의 경우에는 소리만 들어도 스트레스를 받는다. 만일을 대비해 두 마리의 새를 다른 방에서 키울 수 있는지, 또 각각 놀아줄 만큼 시간적 여유가 있는지 생각해보자.

새로운 새의 입양이 기존의 앵무새에게 정말로 좋은 일일지 고려하여 신중하게 검토하자.

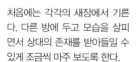

새로운 새를
잘 맞이하자

▷▷▷ 상견례에서 궁합 확인하기

가능하다면 앵무새를 숍에 데려가 새장을 나란히 놓고 반응을 살피자. 조금이라도 앵무새가 적대감을 보이면 새로운 입양은 재고하는 편이 좋다.

처음에는 각각의 새장에서 기른다. 다른 방에 두고 모습을 살피면서 상대의 존재를 받아들일 수 있게 조금씩 마주 보도록 한다.

입양할 때 주의할 점

▷▷▷ 기존의 새를 우선한다

밥을 주는 시간이나 새장 밖에서 보내는 시간 등 모든 면에서 기존의 앵무새를 우선하자. 새로운 새에 대한 질투로 공격적이 되지 않게 배려한다.

▷▷▷ 새로운 새와 바로 마주 보게 두지 않는다

갑자기 새로운 새가 집에 오면 기존에 있던 새는 스트레스를 받을 수 있다. 상대의 존재를 받아들일 수 있도록, 또 겁진 기간 동안에는 새장을 각각 떨어진 장소에 두자.

꽤 예민한 편이랍니다

▷▷▷ 새장 밖에서 놀 때는 절대로 눈을 떼지 않는다

평소 사이가 좋은 앵무새끼리도 발정기 등 사소한 원인으로 싸우게 될 수 있다. 함께 새장 밖에 풀어놓을 때는 눈을 떼지 말고 반드시 지켜보도록 하자.

▷▷▷ 사이가 좋아도 처음에는 새장을 나눈다

처음부터 앵무새끼리 사이가 좋은 경우도 있다. 하지만 새로운 새에게 병이 있을 수 있으므로 처음에는 각각의 새장에 넣어 다른 장소에 두고 접촉은 삼가도록 하자.

좀 더 함께 놀고 싶어요

앵무새는 사육자하고만 있어도 행복할 수 있다

'혼자 있으면 쓸쓸할 거야'라고 생각하는 사육자가 많은 듯하다. 하지만 실제로는 새로운 새를 받아들이지 못하는 앵무새가 많다. 외로움을 탈까 걱정된다면 호기심을 자극하여 재미있게 놀 수 있는 환경을 조성하자. 또, 새장 밖에서 보내는 시간에는 앵무새와 유대감을 충분히 쌓도록 하자.

앵무새 건강 체크 방법

앵무새가 보내는 SOS 신호를 캐치하자

앵무새는 몸이 약하면 적에게 공격당하기 쉬워 본능적으로 몸의 이상을 숨기고 건강한 척하는 경우가 있다. 앵무새의 모습이 눈에 띌 정도로 안 좋을 때는 병이 이미 상당히 진행된 상태일 수 있다. 앵무새는 질병의 진행이 빠르기 때문에 우물쭈물하다가는 생명이 위험할 수 있다. 매일 건강을 확인하자. 행동과 외모, 변을 통해 앵무새의 이상을 빨리 알아채는 것이 중요하다.

평소와 다르다고 느껴지면 사소한 것이라도 바로 수의사와 상담하자.

소소한 부분도 확인해봐요

행동에서 알 수 있는 앵무새의 이상 징후

· 힘이 없고 평소처럼 울지 않는다
· 모이를 잘 먹지 않는다
· 물을 마시는 양이 갑자기 늘었다
· 늦게 일어나고 잠만 잔다
· 숨이 가쁜 듯 고통스럽게 숨을 쉰다
· 줄곧 고개를 갸우뚱 기울이고 있다
· 변을 볼 때 엉덩이를 흔들며 힘을 준다
· 선하품을 한다
· 웅크리거나 등에 얼굴을 묻고 있다
· 깃털을 부풀리거나 날개를 축 늘어뜨리고 있다

앵무새의 겉모습을 체크하자

해당되는 항목에 체크해보자. 체크 수가 많은 경우,
앵무새 건강에 문제가 있을 수 있으니 수의사와 상담해보도록 하자.

눈·코

- ☐ 눈곱이 끼고 눈물이 난다.
- ☐ 눈이 빨갛다.
- ☐ 콧물을 흘리거나 재채기를 한다.

배·몸

- ☐ 잘 먹는데도 야위었다.
- ☐ 사마귀나 종기, 멍울이 있다.
- ☐ 복부가 불룩하다.

부리

- ☐ 부리가 위아래로 맞물리지 않는다.
- ☐ 부리의 색에 변화가 있다
- ☐ 부리가 길어지거나 변형이 되었다.

깃털

- ☐ 깃털 색이 변했다.
- ☐ 깃털이 심하게 빠진 적이 있다.
- ☐ 거칠거나 손상이 있다

몸의 변화를
알아채야 해요

귀

- ☐ 고름이 나온다

다리·발톱

- ☐ 발가락이 부었다
- ☐ 혈색이 나쁘다

변

- ☐ 수분이 많다
- ☐ 항문에 변이 묻어 있다
- ☐ 변의 크기, 횟수에 변화가 있다
- ☐ 변의 색에 변화가 있다

병원에 데려가자

앵무새의 진찰이 가능한 병원을 알아두자

앵무새를 입양하고 나면 우선 동물병원에 데려가자. 앵무새를 진찰할 수 있는 병원은 많지 않으므로 앵무새에 관한 전문 지식이 있는 병원을 미리 알아두는 것이 중요하다.

입양했을 때 이미 기생충이나 바이러스에 감염되어 있을 수 있다. 특히 두 번째 앵무새를 입양했을 때 이러한 병이 있으면 기존의 새에게 전염될 수 있어 위험하다. 앵무새의 모습만으로는 알 수 없는 경우가 있으므로 가능한 한 빨리 검사를 받자. 건강한 앵무새라도 정기적으로 검사를 받는것이 좋다.

동물병원을 선택하는 요령

1 새에 대한 전문 지식을 가진 수의사가 있다

앵무새를 다룬 경험이 많고 앵무새를 전문적으로 진찰할 수 있는 병원이 가장 좋다.

2 치료나 검사에 대해 정확하게 설명해준다

검사나 치료 내용, 병의 원인에 대해 정확히 설명해줘야 친절한 병원이다.

3 사육 환경에 대해서도 충고해준다

사육 환경이 질병의 원인일 수도 있으니 수의사의 충고에 귀 기울이자.

4 필요한 설비를 갖추고 있다

심한 병일 때 전문적인 치료를 받을 수 있는 설비를 갖춘 곳이어야 한다.

다른 병원도 찾아가 보자

기존에 이용하던 병원을 두고 다른 병원을 찾는 데는 많은 용기가 필요하다. 하지만 수의사의 경험에 따라 질병에 대한 견해가 다를 수 있다. "상태를 지켜봅시다"라고 말해도 앵무새의 컨디션이 회복되지 않을 때는 다른 병원을 찾아가 보자.

도와주세요!

병원에 데려갈 때 주의할 점

▷▷▷ 새장째 데려간다

새장째 데려가면 수의사에게 앵무새의 생활 환경을 보여줄 수 있어 건강 악화의 원인을 좀 더 명확히 알 수 있다. 새장 속에서 난폭하게 굴거나 새장째 데려가는 것이 어려울 때는 사진과 같은 이동장도 좋다.

▷▷▷ 보온에 신경 쓰자

컨디션이 나쁜 앵무새에게 보온은 매우 중요하다. 앵무새의 모습을 상세히 관찰하고 너무 덥지 않도록 주의하자. 이동장 내부는 공기가 통하도록 하되 28~32℃가 유지되어야 한다.

수의사에게 확인하자

· 질병의 원인

· 치료의 내용

· 집에서 주의해야 할 것

· 약을 처방받았다면 약의 성분, 효과와 사용방법

건강 관리가 중요해요♪

◎ 건강 진단을 받자

함께 생활하다 보면 조금씩 진행되는 앵무새의 이상은 알아채기 어렵다. 6개월에 한 번, 혹은 1년에 한 번 건강검진을 받아 질병을 예방하자. 앵무새가 건강하다고 자만하지 말고 정기 검진을 받으면, 병원에 익숙해지는 효과도 볼 수 있다.

◇ 당신은 언제나 옳습니다. 그대의 삶을 응원합니다.
                                    – 라의눈 출판그룹

365일 앵무새 키우기

초판 1쇄 2018년 11월 1일
    4쇄 2022년 8월 1일
편저 3season
옮긴이 이진원
감수 시바타 유미코, 에비사와 카즈마사, 황병윤

펴낸곳 라의눈

펴낸이 설응도   편집주간 안은주
영업책임 민경업

출판등록 2014 년 1 월 13일(제 2019-000228 호)
주소 서울시 강남구 테헤란로 78 길 14-12 (대치동) 동영빌딩 4층
전화 02-466-1283   팩스 02-466-1301

문의 (e-mail)
편집 editor@eyeofra.co.kr
마케팅 marketing@eyeofra.co.kr
경영지원 management@eyeofra.co.kr

ISBN : 979-11-88726-25-7 13490

KORE ISSATSU DE KICHINTO WAKARU SHIAWASENA INKO
TONO KURASHIKATA supervised by Yumiko Shibata, Kazumasa
Ebisawa
Copyright ⓒ 2016 3season Co., Ltd.
All rights reserved.
Original Japanese edition published by Mynavi Publishing
Corporation
Korean edition copyright ⓒ 2018 by Eye of Ra Publishing Co.,
Ltd.
This Korean edition is published by arrangement with Mynavi
Publishing Corporation, Tokyo
in care of Tuttle-Mori Agency, Inc., Tokyo through AMO
Agency, Seoul.

[스태프]
사진: 미야모토 아사나(宮元亜沙奈)
디자인: 히다카 케이타(日高慶太), 사카이 아야
絢香) (monostore)
일러스트: 후지타 아야(藤田亜耶), 시노하라 하
野原道) (monostore)
[P26-35]
편집, 구성, 집필: 주식회사 3season 마츠모토
(松本ひな子), 쿠츠키 아야(朽木彩), 와카츠키 유
月友里奈)
기획, 편집: 쇼지 미호(庄司美穂)

[촬영 협력]
Birds' Grooming Shop
http://www.birdsgrooming-shop.com/
앵무새 카페 FREAK
http://www.parrot-freak.com/
에트피리카 TOKYO
http://www.etpk-bird.com/
콤파마루
http://www.compamal.com/
Bird story
http://birdstory.net/